混凝土材料产品系列标准应用实施指南

住房和城乡建设部标准定额研究所　编著

U0285685

中国建筑工业出版社

图书在版编目（CIP）数据

混凝土材料产品系列标准应用实施指南/住房和城
乡建设部标准定额研究所编著. —北京：中国建筑工业
出版社，2022.6（2022.12重印）
ISBN 978-7-112-27216-7

Ⅰ.①混…　Ⅱ.①住…　Ⅲ.①混凝土-建筑材料-产
品标准-中国-指南　Ⅳ.①TU528-65

中国版本图书馆 CIP 数据核字（2022）第 041993 号

责任编辑：张　瑞　石枫华
责任校对：芦欣甜

混凝土材料产品系列标准应用实施指南
住房和城乡建设部标准定额研究所　编著

*

中国建筑工业出版社出版、发行（北京海淀三里河路 9 号）
各地新华书店、建筑书店经销
北京科地亚盟排版公司制版
北京建筑工业印刷厂印刷

*

开本：787 毫米×1092 毫米　1/16　印张：8　字数：198 千字
2022 年 7 月第一版　　2022 年 12 月第二次印刷
定价：**40.00** 元
ISBN 978-7-112-27216-7
（39057）

版权所有　翻印必究
如有印装质量问题，可寄本社图书出版中心退换
（邮政编码 100037）

《混凝土材料产品系列标准应用实施指南》
编委会

编制组组长：姚　涛

编制组成员：展　磊　　程小珂　　周永祥　　王　晶　　赵　霞
　　　　　　张云升　　杨　文　　王祖琦　　孙振平　　刘来宝
　　　　　　彭文彬　　李　飞　　沈东美　　曲　径　　许毅刚
　　　　　　刘志勇　　何　涛　　程宝军　　杨　勇　　钟　文
　　　　　　王宁宁　　郭忠义　　李战军　　李晓峰　　高芳胜
　　　　　　刘　昊　　夏京亮　　宋普涛　　李　琳　　王登权
　　　　　　高　超　　林艳梅　　贺　阳　　刘　倩

审查组成员：华建民　　罗文斌　　张　弛　　朱爱萍　　王　晟
　　　　　　施　刚　　石枫华　　王景贤

编 制 单 位

住房和城乡建设部标准定额研究所
中国建筑科学研究院有限公司
中建西部建设股份有限公司
兰州理工大学
四川华西绿舍建材有限公司
同济大学
西南科技大学
北京建筑大学
苏交科集团股份有限公司
保利长大工程有限公司
嘉华特种水泥股份有限公司

山西黄河新型化工有限公司

山西耀辉生态环保科技有限公司

山西华建建筑工程检测有限公司

深圳市安托山混凝土有限公司

江苏苏博特新材料股份有限公司

北京榆构有限公司

东南大学

太原市建设工程质量安全站

清华大学

科之杰新材料集团有限公司

前　　言

混凝土是当今社会用量最大的建筑结构材料。混凝土质量直接关系到建（构）筑物工程质量及使用寿命。近年来，混凝土工程质量问题屡有发生，由于混凝土质量问题导致结构损坏产生的维修成本往往超过初建投入，拆除重建则带来更大的资源及人力、财力、物力的浪费，并且存在工程事故风险及隐患。因此，提高混凝土质量可以延长建（构）筑物使用寿命，降低工程全寿命周期综合成本，对于节约资源和可持续发展具有重要作用。

现阶段我国混凝土材料具有以下特点：

（1）混凝土用砂石骨料和掺合料来源及品质差异很大。我国幅员辽阔，各地区资源禀赋不同，混凝土用砂石骨料和掺合料作为大宗材料，具有地域属性，其来源及品质存在较大差异；

（2）优质传统原材料日益稀缺，亟需寻求替代材料。大规模建设带来原材料不断消耗、优质常规原材料短缺的困境。优质传统矿物掺合料（如粉煤灰、矿渣粉等）日益紧缺，为保护环境限采或禁采河砂、江砂导致优质粗、细骨料供不应求，采用固体废弃物所制备骨料及粉体材料的应用逐步提上日程。

（3）功能型原材料及特种混凝土需求日益增多。建（构）筑物结构形式的复杂性和多样化，以及在严酷服役环境下工程建设需求的增多，对混凝土提出了超高强、高延性、高流态、防腐蚀、耐热耐火等需求，进而涌现了众多新型的功能型原材料及特种混凝土。

为此，住房和城乡建设部标准定额研究所组织编写了《混凝土材料产品系列标准应用实施指南》（以下简称《指南》），用于指导混凝土原材料供应、混凝土结构设计、混凝土生产、施工、检验及管理等人员正确理解混凝土产品标准，并在实际工程实践中结合相应工程技术规范进行合理应用。

《指南》共分4章：第1章对国际和国内的混凝土技术与标准发展情况进行了概述；第2章详细阐述了混凝土各类原材料的技术要求，并结合实际案例，归纳了常见问题、原因及解决对策；第3章分别对现浇混凝土及预制混凝土的生产和应用进行了介绍；第4章展望了混凝土材料技术及标准化的发展趋势。

对本《指南》的应用有以下事项进行说明：

（1）本《指南》以目前颁布的混凝土及其原材料的主要产品标准为立足点，以满足相关工程技术规程的需求为目的进行编写。

（2）本《指南》对标准本身的内容仅作简要说明，详细内容可参阅标准原文，本《指南》不能替代标准条文。

（3）本《指南》也参考了部分即将颁布的标准，相关内容仅作参考，使用中仍应以最终发布的标准文本为准。

（4）本《指南》列出了混凝土原材料的常见问题，其目的是通过对案例中出现的问题进行分析，指导《指南》使用人员在实际工作中正确运用概念和技术，做到科学选材、合理设计、高效使用，避免同类错误的重复出现，切实提高混凝土及工程质量。

（5）本《指南》中案例说明不得转为任何单位的产品宣传内容。

（6）本《指南》及内容不能作为使用者规避或免除相关义务与责任的依据。

由于混凝土材料产品涵盖内容广泛，书中选材论述引用等可能存在不当或错误之处，望广大读者加以理解，并及时联系作者以便修正，以期在后续出版中不断完善。

住房和城乡建设部标准定额研究所

2021 年 11 月

目　　录

第1章　绪论 …………………………………………………………… 1

1.1　混凝土技术概况 …………………………………………………… 1

1.2　混凝土技术标准概况 ……………………………………………… 2

    1.2.1　国际及国外发达国家与地区的混凝土技术标准简介 ………… 2

    1.2.2　我国混凝土技术标准简介 ……………………………………… 2

    1.2.3　中外混凝土技术标准比对 ……………………………………… 7

1.3　编制的目的 ………………………………………………………… 9

第2章　混凝土原材料产品及性能 …………………………………… 10

2.1　水泥 ………………………………………………………………… 10

    2.1.1　相关标准 ………………………………………………………… 10

    2.1.2　要求 ……………………………………………………………… 11

    2.1.3　常见问题及原因 ………………………………………………… 21

2.2　掺合料 ……………………………………………………………… 23

    2.2.1　相关标准 ………………………………………………………… 24

    2.2.2　要求 ……………………………………………………………… 24

    2.2.3　常见问题及原因 ………………………………………………… 31

2.3　骨料 ………………………………………………………………… 32

    2.3.1　相关标准 ………………………………………………………… 32

    2.3.2　要求 ……………………………………………………………… 33

    2.3.3　常见问题及原因 ………………………………………………… 43

2.4　外加剂 ……………………………………………………………… 45

    2.4.1　相关标准 ………………………………………………………… 46

    2.4.2　要求 ……………………………………………………………… 47

    2.4.3　常见问题及原因 ………………………………………………… 62

2.5　其他原材料 ………………………………………………………… 71

    2.5.1　拌合与养护用水 ………………………………………………… 71

    2.5.2　纤维 ……………………………………………………………… 73

第3章　混凝土生产、施工及评价 …………………………………… 77

3.1　混凝土的生产 ……………………………………………………… 77

    3.1.1　相关标准 ………………………………………………………… 77

    3.1.2　配合比设计原则 ………………………………………………… 78

    3.1.3　生产与质量检验 ………………………………………………… 78

    3.1.4　评价与认证 ……………………………………………………… 86

3.2 混凝土的现浇施工 ··· 90

    3.2.1 相关标准 ··· 90

    3.2.2 施工与质量验收 ····································· 90

    3.2.3 常见问题及原因 ····································· 94

3.3 混凝土预制构件 ··· 95

    3.3.1 相关标准 ··· 96

    3.3.2 生产与质量检验 ····································· 96

    3.3.3 评价与认证 ··· 106

    3.3.4 常见问题及原因 ····································· 106

第4章 混凝土材料发展趋势与标准化工作建议 ··················· 108

4.1 混凝土材料发展趋势 ··· 108

    4.1.1 水泥技术发展趋势 ··································· 108

    4.1.2 骨料技术发展趋势 ··································· 108

    4.1.3 掺合料技术发展趋势 ································· 109

    4.1.4 外加剂技术发展趋势 ································· 109

4.2 混凝土行业发展前沿 ··· 110

    4.2.1 胶凝材料 ··· 110

    4.2.2 特种混凝土 ··· 111

4.3 混凝土标准化工作建议 ······································· 114

附录 混凝土相关标准名录 ······································· 116

第1章 绪论

1.1 混凝土技术概况

混凝土已成为当今社会最大宗的建筑结构材料。其历史可追溯到 4000 多年前，混凝土技术的发展也经历了几次大的飞跃。古代混凝土以黏土、石灰、石膏、火山灰为主要胶凝材料，其特点是硬化慢、强度低、资源少、质量可控性差。硅酸盐水泥的问世，使得混凝土获得了极大的发展，特别是以水灰比定则为基础的配合比设计方法确定后，减水剂等化学外加剂的发明和使用以及由此带来的大掺量矿物掺合料的规模化应用，使得现代混凝土技术得到了长足发展。

中华人民共和国成立后，我国混凝土行业经历了 70 多年的发展历程，从中华人民共和国成立初期采用"一包水泥、一车黄砂、两车石子"的简单粗放方法生产混凝土，到 20 世纪 50～70 年代一度兴盛的预制混凝土制品，再到 20 世纪 90 年代以来迅猛发展的预拌混凝土，我国混凝土行业和混凝土技术均获得了迅速和巨大的发展。

近年来，中国已发展成为全球最大的混凝土生产与应用国，具有丰富的工程实践经验以及技术积累。据中国混凝土网统计，2019 年中国商品混凝土总产量为 27.38 亿立方米，较上一年同比增长 7.51%，2020 年我国商品混凝土总产量为 28.99 亿立方米，较上一年同比增长 5.47%，详见图 1-1。中国作为全球混凝土工程建设量最大的国家，建设了港珠澳大桥等诸多举世瞩目的世界级工程，积累了大量的混凝土生产、应用及标准化工作经验，并且为"一带一路"沿线的国外诸多工程提供了混凝土技术支持。总体上，我国的混凝土及其工程建设技术处于世界先进水平。

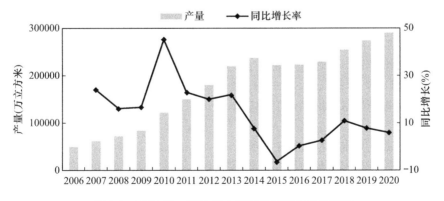

图 1-1　2006 年—2020 年中国商品混凝土产量情况

（数据来源：中国混凝土网）

混凝土材料及工程质量关系到人民生命财产安全，并且混凝土涉及的原材料门类众多、技术复杂，因此，混凝土及其原材料质量控制难度大，且十分重要。

早在20世纪70年代开始，发达国家逐步发现众多建成的混凝土基础设施出现了过早劣化，由此带来的建筑物寿命缩短、维修费用高昂的问题引起了发达国家的广泛关注。1980年，北海Stavanger近海钻井平台Alexandex Kjell号突然破坏，导致123人死亡。而当时我国混凝土结构的耐久性问题也很严重，例如1987年，山西大同的钢筋混凝土大水塔突然毁坏，造成了很大的人员伤亡和建筑设施的破坏。针对混凝土的过早劣化，发达国家在20世纪80年代末90年代初掀起了一个以改善混凝土材料耐久性为主要目标的"高性能混凝土"开发研究的热潮。20世纪90年代，清华大学将高性能混凝土理念引入中国。随着混凝土技术的发展，高性能混凝土的内涵也得到了扩展。现阶段，高性能混凝土是指以建设工程设计、施工和使用对混凝土性能特定要求为总体目标，选用优质常规原材料，合理掺加外加剂和矿物掺合料，采用较低水胶比并优化配合比，通过预拌和绿色生产方式以及严格的施工措施，制成具有优异的拌合物性能、力学性能、耐久性能和长期性能的混凝土。"高性能混凝土"内涵是现代混凝土质量控制的重要理念。

总体来讲，现阶段混凝土质量控制应当以采用优质传统原材料为前提，以配合比设计、生产、施工全过程质量控制为手段，以优异的性能要求为落脚点，并且兼顾结构设计、施工等要求，从而实现高耐久性的目标。

1.2 混凝土技术标准概况

混凝土技术标准作为质量控制的重要依托，发挥着不可替代的作用。因此，随着混凝土技术的发展，国内外也形成了一系列相关标准，用于规范和指导混凝土的生产、应用和质量检验，从而服务于混凝土工程建设。

1.2.1 国际及国外发达国家与地区的混凝土技术标准简介

1. ISO标准

国际标准化组织（ISO）成立于1947年，是世界最大的非政府性标准化专门机构。ISO主要混凝土技术标准如图1-2所示。

2. 欧盟标准

欧共体成立后，由于欧洲经济一体化的需要，逐渐发展形成了一个完善的区域性标准体系——欧盟标准体系。欧盟主要混凝土技术标准如图1-3所示。

3. 美国标准

美国主要混凝土技术标准如图1-4所示。

4. 日本标准

日本主要混凝土技术标准如图1-5所示。

由国际及国外发达国家与地区的主要混凝土技术标准框图可知，产品标准是整个混凝土技术标准的核心之一，且与相关的设计和施工规范以及试验方法标准形成配套。

1.2.2 我国混凝土技术标准简介

我国混凝土主要技术标准如图1-6所示。

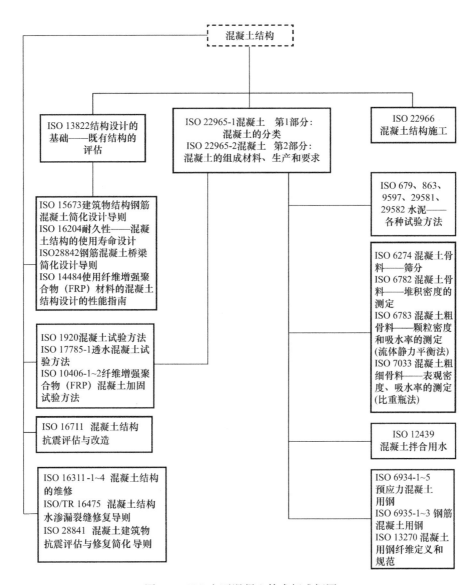

图 1-2 ISO 主要混凝土技术标准框图

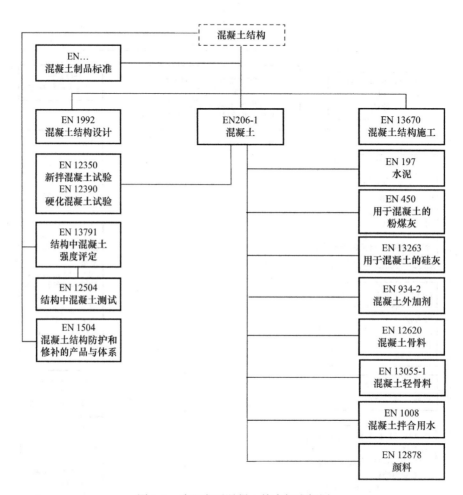

图 1-3 欧盟主要混凝土技术标准框图

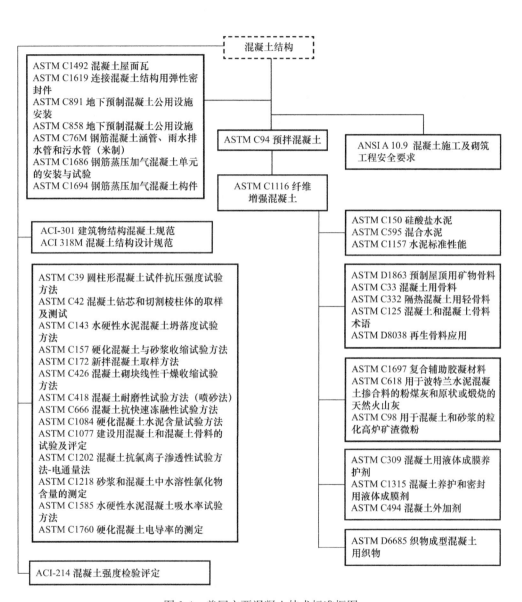

图 1-4　美国主要混凝土技术标准框图

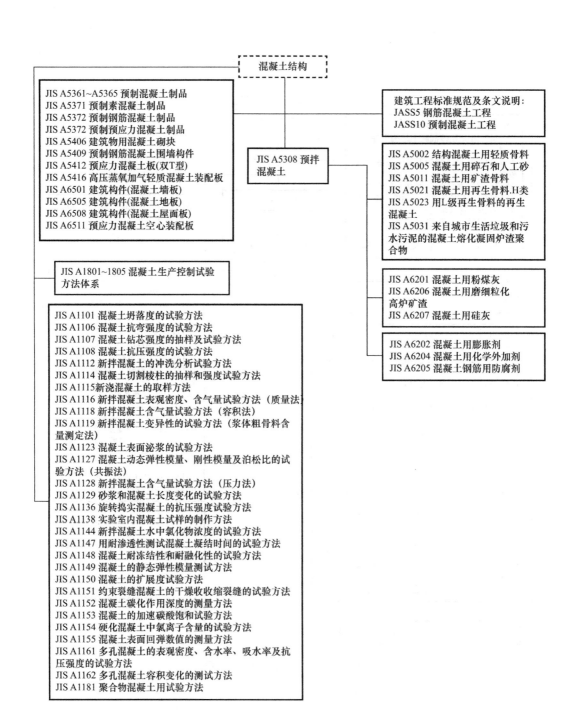

图 1-5　日本主要混凝土技术标准框图

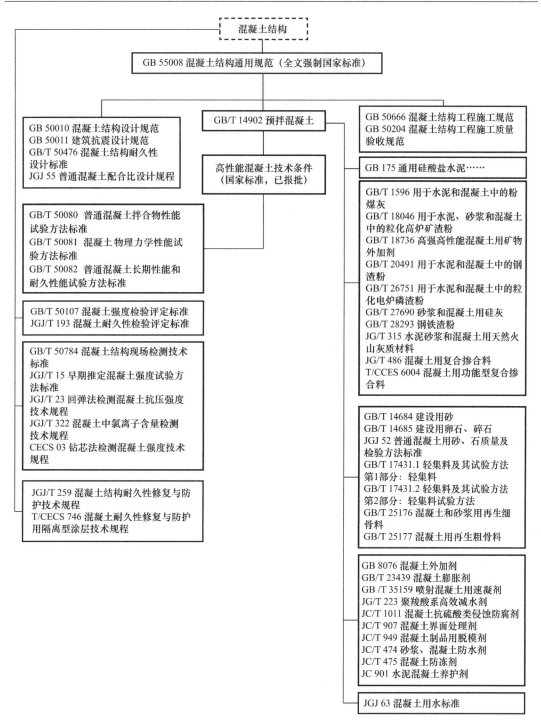

图 1-6　中国主要混凝土技术标准框图

1.2.3　中外混凝土技术标准比对

由中外主要混凝土技术标准框图可知，混凝土材料标准是衔接结构设计、试验、施工与验收各个环节的重要桥梁。比对来看，中外混凝土材料标准的共性及差异主要体现在以下几个方面：

1. 与国际及发达国家与地区相同，我国混凝土材料标准组成架构上基本完备

随着多年来的发展和完善，我国混凝土材料标准从组成构架上已经基本完备，基本囊括了混凝土各类原材料。

2. 我国原材料来源更加丰富，产品标准更加多元

由于我国近年来仍处于基础设施建设高速发展的阶段，混凝土生产及应用规模巨大，对原材料的需求量也巨大。并且，我国幅员辽阔，各类天然及工矿业废渣资源丰富，所以我国用于配制混凝土的原材料更加多元，因此也制定了一系列国外没有的标准规范。例如，以矿物掺合料这一类重要原材料为例，我国对应的掺合料主要有粉煤灰、粒化高炉矿渣粉、钢渣粉、钢铁渣粉、粒化电炉磷渣粉、天然火山灰质材料、复合掺合料、功能型复合掺合料，并均形成了对应的标准规范，其中不少标准在国际及发达国家与地区的标准规范中并没有涵盖。

3. 我国标准同国际及发达国家与地区标准相比，存在明显的技术差异

以混凝土最重要的原材料之一的通用硅酸盐水泥为例，我国同国际及发达国家与地区相应的产品标准比对见表 1-1。

我国同国际及发达国家与地区的通用硅酸盐水泥产品标准比对　　　　表 1-1

中国标准	GB 175 通用硅酸盐水泥
欧盟标准	EN 197-1 水泥．第 1 部分：普通水泥的组成，规范和符合性准则
美国标准	ASTM C150 硅酸盐水泥标准规范 ASTM C595 混合水泥标准规范 ASTM C1157 水泥标准性能规范
日本标准	JIS R5210 硅酸盐水泥 JIS R5211 高炉矿渣水泥 JIS R5212 火山灰水泥 JIS R5213 粉煤灰水泥 JIS R5214 生态水泥

由表 1-1 可以看出，与混凝土试验方法标准类似，通用硅酸盐水泥产品标准方面，我国依然与欧盟类似，仅有一部标准，而美国和日本则有多部标准。通用硅酸盐水泥标准方面，除了在标准数量和组成上存在差异，我国标准同国际及发达国家与地区的标准在技术参数和条文内容上存在差异，应当在使用过程中加以注意。

以中美水泥标准为例比对：ASTM C150 为不掺混合材的纯硅酸盐水泥，ASTM C595 为掺混合材的硅酸盐水泥，而 ASTM C1157 涵盖 ASTM C150 和 ASTM C595 中所有一般用途和特殊用途的水泥，只规定其性能要求，而未限制水泥的成分或组成。中国相应标准为《通用硅酸盐水泥》GB 175。无论从标准体系的整体思路，还是从水泥的命名、分类、组成以及化学、物理性质等指标的具体细节，均存在较大差异：

（1）水泥品种的划分原则。ASTM C150 按性能或用途划分为：Ⅰ型——当无任何其他类型水泥所要求的特殊性质时所用的水泥；ⅠA 型——有引气要求时的Ⅰ型水泥；Ⅱ型——当有中等抗硫酸盐要求时，一般用途的中等抗硫酸盐水泥；ⅡA 型——有引气要求时的Ⅱ型水泥；Ⅱ（MH）型——当有中等水化热和中等抗硫酸盐要求时，一般用途的中抗硫酸盐和中热水泥；Ⅱ（MH）A 型——有引气要求时的Ⅱ（MH）型水泥；Ⅲ型——当

有高早期强度要求时使用的水泥；ⅢA 型——有引气要求时的 Ⅲ 型水泥；Ⅳ 型——当有低水化热要求时使用的低热水泥；Ⅴ 型——高抗硫酸盐水泥。C595 按混合材种类划分为：IS 型——硅酸盐高炉矿渣水泥；IP 型——硅酸盐火山灰水泥；IL 型——硅酸盐石灰岩水泥；IT 型——三组分混合水泥。ASTM C595 按用途划分为：通用型（GU）、早强型（HE）、中抗硫酸盐侵蚀型（MS）、高抗硫酸盐侵蚀型（HS）、中热型（MH）、低热型（LH）。并且，美国标准仅对部分水泥类型提出强度要求，且根据水泥的特性规定了不同龄期的强度要求。而我国标准 GB 175 按混合材种类分为硅酸盐水泥、普通硅酸盐水泥、矿渣硅酸盐水泥、粉煤灰硅酸盐水泥、火山灰硅酸盐水泥和复合硅酸盐水泥六类，并统一按 3d、28d 抗压及抗折强度进行等级划分。

（2）外加剂的使用。在我国，仅在混凝土中掺加一定量的外加剂，而在水泥生产过程中则仅允许掺入助磨剂，而不允许使用外加剂。与我国不同的是，美国水泥企业可以在水泥生产中掺加引气剂，来专门生产引气型的硅酸盐水泥，美国标准还允许掺入其他功能型外加剂。

（3）水泥的物理、化学指标要求。我国标准 GB 175 中，化学指标只是规定了 SO_3、MgO 和 Cl^- 的含量，烧失量和不溶物也仅仅在硅酸盐水泥和普通硅酸盐水泥中有具体要求，并将碱含量作为选择性指标，其他化学成分则没有规定；物理指标规定了凝结时间、安定性、强度的要求，并将细度作为选择性指标。而美国标准根据水泥特性的不同，制定了强制性指标和相应的可选择指标。

（4）水泥性能试验方法。如 ASTM 水泥标准检测抗压强度的试件为 2in×2in×2in 或 50mm×50mm×50mm；我国的试件为半块 40mm×40mm×160mm，受压面积为 40mm×40mm，但并非立方体试件。

1.3　编制的目的

混凝土材料系列产品标准的科学实施是混凝土工程建设质量的重要保证。本指南后续章节系统地梳理了我国混凝土及其原材料产品相关的主要国家、行业标准，个别尚无国家、行业标准的材料，也梳理了相应的团体标准，聚焦水泥、掺合料、骨料、外加剂及其他原材料产品标准，并延伸至混凝土生产、施工、评价相关标准，以结构工程常用原材料及相关标准为主线，重点分析各类原材料及混凝土产品的技术要求、常见问题与原因以及今后的发展趋势，以期为混凝土原材料供应、混凝土结构设计、混凝土生产、施工、检验及管理等单位提供系统化指导，为标准的准确、科学实施提供保障。

第 2 章　混凝土原材料产品及性能

现代混凝土的组分主要为水泥、掺合料、骨料、外加剂与拌合用水。必要时，也可在混凝土中掺加纤维等其他材料。本章对混凝土各类原材料产品及性能进行详细阐述。

2.1　水泥

根据《水泥的命名原则和术语》GB/T 4131—2014，水泥的定义为一种细磨材料，与水混合形成塑性浆体后，能在空气中水化硬化，并能在水中继续硬化保持强度和体积稳定性的无机水硬性胶凝材料。水泥的种类很多，按其用途和性能可分为通用水泥、专用水泥和特性水泥三大类。按所含主要水硬性矿物分类，水泥又可分为硅酸盐水泥、铝酸盐水泥、硫铝酸盐水泥、铁铝酸盐水泥、氟铝酸盐水泥以及以工业固体废弃物为主要组分的水泥。目前全世界范围内的水泥品种已达 100 多种。

长期以来，我国水泥生产与混凝土生产分属两个行业，水泥生产企业严格按照国家及有关行业标准，控制水泥的化学成分、细度、凝结时间、安定性和强度等性能指标；而混凝土行业选用水泥时，不仅需要水泥的物理性能达标，还需要采用该水泥配制的混凝土具有良好的性能。从当前认识来看，用于混凝土的优质水泥应具有以下特点：1）配制混凝土时需水量低、流动性好、与化学外加剂具有较好的相容性；2）具有合理的水化反应速率与强度发展进程，兼顾早期强度和后期强度；3）水泥颗粒粒径分布和细度合理，使之更有利于提高混凝土的工作性和耐久性；4）要合理控制水泥中的碱含量与氯离子含量，以保证混凝土长期性能和耐久性。

2.1.1　相关标准

1. 现行水泥产品标准

GB 175—2007 通用硅酸盐水泥（包括第 1、2、3 号修改单）

GB/T 200—2017 中热硅酸盐水泥、低热硅酸盐水泥

GB/T 748—2005 抗硫酸盐硅酸盐水泥

GB/T 20472—2006 硫铝酸盐水泥

GB/T 31289—2014 海工硅酸盐水泥

GB/T 31545—2015 核电工程用硅酸盐水泥

2. 现行水泥组成材料产品相关标准

GB/T 203—2008 用于水泥中的粒化高炉矿渣

GB/T 1596—2017 用于水泥和混凝土中的粉煤灰

GB/T 2847—2005 用于水泥中的火山灰质混合材料

GB/T 5483—2008 天然石膏

GB/T 18046—2017 用于水泥、砂浆和混凝土中的粒化高炉矿渣粉

GB/T 18736—2017 高强高性能混凝土用矿物外加剂

GB/T 21371—2019 用于水泥中的工业副产石膏

GB/T 21372—2008 硅酸盐水泥熟料

GB/T 26748—2011 水泥助磨剂

GB/T 35164—2017 用于水泥、砂浆和混凝土中的石灰石粉

2.1.2　要求

《混凝土质量控制标准》GB 50164—2011 规定水泥品种与强度等级的选用应根据设计、施工要求以及工程所处环境确定。对于一般建筑结构及预制构件的普通混凝土，宜采用通用硅酸盐水泥；高强混凝土和有抗冻要求的混凝土宜采用硅酸盐水泥或普通硅酸盐水泥；有预防混凝土碱-骨料反应要求的混凝土工程宜采用碱含量低于 0.60% 的水泥；大体积混凝土宜采用中、低热硅酸盐水泥或低热矿渣硅酸盐水泥。水泥应符合现行国家标准《通用硅酸盐水泥》GB 175 和《中热硅酸盐水泥　低热硅酸盐水泥　低热矿渣硅酸盐水泥》GB 200（该标准现已分成《中热硅酸盐水泥、低热硅酸盐水泥》GB/T 200 与正在起草的《低热矿渣硅酸盐水泥》两个标准）的有关规定。

《混凝土结构工程施工规范》GB 50666—2011 中规定水泥的主要技术指标应符合附录 F.0.1 和国家现行有关标准的规定（附录 F.0.1 规定了通用硅酸盐水泥的物理化学指标，具体为硅酸盐水泥、普通硅酸盐水泥、矿渣硅酸盐水泥、火山灰质硅酸盐水泥、粉煤灰硅酸盐水泥、复合硅酸盐水泥的不溶物、烧失量、三氧化硫、氧化镁、氯离子的要求，与《通用硅酸盐水泥》GB 175—2007 相同）；水泥品种与强度等级应根据设计、施工要求以及工程所处环境条件确定；普通混凝土结构宜选用通用硅酸盐水泥，有特殊需要时，也可选用其他品种水泥；对于有抗渗、抗冻融要求的混凝土，宜选用硅酸盐水泥或普通硅酸盐水泥；处于潮湿环境的混凝土结构，当使用碱活性骨料时，宜采用低碱水泥。

《混凝土结构工程施工质量验收规范》GB 50204—2015 中规定水泥进场（厂）时应对其品种、级别、包装或散装仓号、出厂日期等进行检查，并应对水泥的强度、安定性和凝结时间进行复验，其结果应符合现行国家标准《通用硅酸盐水泥》GB 175 等的规定。

全文强制国家标准《混凝土结构通用规范》GB 55008—2021 自 2022 年 4 月 1 日起实施，其中规定"结构混凝土用水泥主要控制指标应包括凝结时间、安定性、胶砂强度和氯离子含量。水泥中使用的混合材品种和掺量应在出厂文件中明示"。

因此，混凝土质量控制、施工及验收各环节均对水泥提出要求，混凝土结构使用的水泥主要涉及通用硅酸盐水泥（具体分为硅酸盐水泥、普通硅酸盐水泥、矿渣硅酸盐水泥、火山灰质硅酸盐水泥、粉煤灰硅酸盐水泥、复合硅酸盐水泥）、中低热硅酸盐水泥以及其他品种水泥。值得一提的是，低碱水泥仅仅是在现有水泥品种基础上增加了碱含量小于0.60% 的要求，并不是一种新的水泥品种。

1. 水泥的分类

按水泥用途和性能可大致分为通用水泥、专用水泥和特性水泥三类。建筑及市政工程常用的水泥种类及代号见表 2-1。

建筑及市政工程常用水泥种类及代号 表 2-1

分类	水泥种类	代号
通用水泥	硅酸盐水泥	P·Ⅰ、P·Ⅱ
	普通硅酸盐水泥	P·O
	矿渣硅酸盐水泥	P·S·A、P·S·B
	火山灰质硅酸盐水泥	P·P
	粉煤灰硅酸盐水泥	P·F
	复合硅酸盐水泥	P·C
专用水泥	海工硅酸盐水泥	P·O·P
	核电工程用硅酸盐水泥	P·N
特性水泥	抗硫酸盐硅酸盐水泥	P·MSR、P·HSR
	中、低热硅酸盐水泥	P·MH、P·LH
	硫铝酸盐水泥	R·SAC、L·SAC、S·SAC
	铝酸盐水泥	CA

2. 水泥的技术要求

（1）通用水泥

通用水泥（又称为"通用硅酸盐水泥"），适用于土木工程中一般用途，是用途最广、用量最大的一类水泥。我国对应通用水泥的现行国家标准版本为《通用硅酸盐水泥》GB 175—2007（包括第 1、2、3 号修改单）。通用硅酸盐水泥的组分应符合表 2-2 的规定。

通用硅酸盐水泥的组分 表 2-2

品种	代号	组分（质量分数）（%）				
		熟料＋石膏	粒化高炉矿渣	火山灰质混合材料	粉煤灰	石灰石
硅酸盐水泥	P·Ⅰ	100	—	—	—	—
	P·Ⅱ	≥95	≤5	—	—	—
		≥95	—	—	—	≤5
普通硅酸盐水泥	P·O	≥80且<95	>5且≤20ᵃ			—
矿渣硅酸盐水泥	P·S·A	≥50且<80	>20且≤50ᵇ	—	—	—
	P·S·B	≥30且<50	>50且≤70ᵇ	—	—	—
火山灰质硅酸盐水泥	P·P	≥60且<80	—	>20且≤40ᶜ	—	—
粉煤灰硅酸盐水泥	P·F	≥60且<80	—	—	>20且≤40ᵈ	—
复合硅酸盐水泥	P·C	≥50且<80	>20且≤50ᵉ			—

注：a 本组分材料为活性混合材料（符合 GB/T 203、GB/T 18046、GB/T 1596、GB/T 2847 标准要求的粒化高炉矿渣、粒化高炉矿渣粉、粉煤灰、火山灰质混合材料），其中允许用不超过水泥质量 8% 的非活性混合材料（活性指标分别低于 GB/T 203、GB/T 18046、GB/T 1596、GB/T 2847 标准要求的粒化高炉矿渣、粒化高炉矿渣粉、粉煤灰、火山灰质混合材料；石灰石和砂岩，其中石灰石中的三氧化二铝的质量分数应不大于 2.5%）或不超过水泥质量 5% 且符合 JC/T 742 的窑灰代替。

b 本组分材料为符合 GB/T 203 或 GB/T 18046 的活性混合材料，其中允许用不超过水泥质量 8% 活性混合材料（符合 GB/T 203、GB/T 18046、GB/T 1596、GB/T 2847 标准要求的粒化高炉矿渣、粒化高炉矿渣粉、粉煤灰、火山灰质混合材料）或非活性混合材料（活性指标分别低于 GB/T 203、GB/T 18046、GB/T 1596、GB/T 2847 标准要求的粒化高炉矿渣、粒化高炉矿渣粉、粉煤灰、火山灰质混合材料；石灰石和砂岩，其中石灰石中的三氧化二铝的质量分数不应大于 2.5%）或符合 JC/T 742 的窑灰中的任一种材料代替。

c 本组分材料为符合 GB/T 2847 的活性混合材料。

d 本组分材料为符合 GB/T 1596 的活性混合材料。

e 本组分材料为由两种（含）以上的活性混合材料（符合 GB/T 203、GB/T 18046、GB/T 1596、GB/T 2847 标准要求的粒化高炉矿渣、粒化高炉矿渣粉、粉煤灰、火山灰质混合材料）或/和非活性混合材料组成（活性指标分别低于 GB/T 203、GB/T 18046、GB/T 1596、GB/T 2847 标准要求的粒化高炉矿渣、粒化高炉矿渣粉、粉煤灰、火山灰质混合材料；石灰石和砂岩，其中石灰石中的三氧化二铝的质量含量应不大于 2.5%），其中允许用不超过水泥质量 8% 且符合 JC/T 742 的窑灰代替。掺矿渣时混合材料掺量不得与矿渣硅酸盐水泥重复。

不同品种的通用硅酸盐水泥对应不同的强度等级范围：硅酸盐水泥的强度等级分为42.5、42.5R、52.5、52.5R、62.5、62.5R 六个等级；普通硅酸盐水泥的强度等级分为42.5、42.5R、52.5、52.5R 四个等级；矿渣硅酸盐水泥、火山灰质硅酸盐水泥、粉煤灰硅酸盐水泥分为 32.5、32.5R、42.5、42.5R、52.5、52.5R 六个等级；复合硅酸盐水泥分为 42.5、42.5R、52.5、52.5R 四个等级。

1）化学指标

通用硅酸盐水泥的化学指标应符合表 2-3 的规定。

通用硅酸盐水泥的化学指标 表 2-3

品种	代号	不溶物（质量分数）（%）	烧失量（质量分数）（%）	三氧化硫（质量分数）（%）	氧化镁（质量分数）（%）	氯离子（质量分数）（%）
硅酸盐水泥	P·Ⅰ	≤0.75	≤3.0	≤3.5	≤5.0a	≤0.06c
	P·Ⅱ	≤1.50	≤3.5			
普通硅酸盐水泥	P·O	—	≤5.0			
矿渣硅酸盐水泥	P·S·A	—	—	≤4.0	≤6.0b	
	P·S·B	—	—		—	
火山灰质硅酸盐水泥	P·P	—	—	≤3.5	≤6.0b	
粉煤灰硅酸盐水泥	P·F	—	—			
复合硅酸盐水泥	P·C	—	—			

注：a 如果水泥压蒸试验合格，则水泥中氧化镁的含量（质量分数）允许放宽至 6.0%。
　　b 如果水泥中氧化镁的含量（质量分数）大于 6.0%，需进行水泥压蒸安定性试验并合格。
　　c 当有更低要求时，该指标由买卖双方确定。

通用硅酸盐水泥的碱含量作为选择性指标，按 $Na_2O + 0.658K_2O$ 计算值表示。若使用活性骨料，用户要求提供低碱水泥时，水泥中的碱含量不应大于 0.60% 或由买卖双方协商确定。

2）物理指标

硅酸盐水泥初凝时间不小于 45min，终凝时间不大于 390min。普通硅酸盐水泥、矿渣硅酸盐水泥、火山灰质硅酸盐水泥、粉煤灰硅酸盐水泥和复合硅酸盐水泥初凝不小于45min，终凝不大于 600min。

通用硅酸盐水泥的安定性规定采用煮沸法合格。

通用硅酸盐水泥的细度作为选择性指标。硅酸盐水泥和普通硅酸盐水泥的细度以比表面积表示，其比表面积不小于 $300m^2/kg$；矿渣硅酸盐水泥、火山灰质硅酸盐水泥、粉煤灰硅酸盐水泥和复合硅酸盐水泥的细度以筛余表示，其 $80\mu m$ 方孔筛筛余不大于 10% 或$45\mu m$ 方孔筛筛余不大于 30%。

根据《通用硅酸盐水泥》GB 175—2007 第 3 号修改单，通用硅酸盐水泥的强度应符合表 2-4 的规定。

通用硅酸盐水泥的强度指标 表 2-4

品种	强度等级	抗压强度（MPa）		抗折强度（MPa）	
		3d	28d	3d	28d
硅酸盐水泥	42.5	≥17.0	≥42.5	≥3.5	≥6.5
	42.5R	≥22.0		≥4.0	

品种	强度等级	抗压强度（MPa）		抗折强度（MPa）	
		3d	28d	3d	28d
硅酸盐水泥	52.5	≥23.0	≥52.5	≥4.0	≥7.0
	52.5R	≥27.0		≥5.0	
	62.5	≥28.0	≥62.5	≥5.0	≥8.0
	62.5R	≥32.0		≥5.5	
普通硅酸盐水泥	42.5	≥17.0	≥42.5	≥3.5	≥6.5
	42.5R	≥22.0		≥4.0	
	52.5	≥23.0	≥52.5	≥4.0	≥7.0
	52.5R	≥27.0		≥5.0	
矿渣硅酸盐水泥 火山灰质硅酸盐水泥 粉煤灰硅酸盐水泥	32.5	≥10.0	≥32.5	≥2.5	≥5.5
	32.5R	≥15.0		≥3.5	
	42.5	≥15.0	≥42.5	≥3.5	≥6.5
	42.5R	≥19.0		≥4.0	
	52.5	≥21.0	≥52.5	≥4.0	≥7.0
	52.5R	≥23.0		≥4.5	
复合硅酸盐水泥	42.5	≥15.0	≥42.5	≥3.5	≥6.5
	42.5R	≥19.0		≥4.0	
	52.5	≥21.0	≥52.5	≥4.0	≥7.0
	52.5R	≥23.0		≥4.5	

（2）专用水泥

专用水泥指有专门用途的水泥，如海工硅酸盐水泥、核电工程用硅酸盐水泥、油井水泥、砌筑水泥、道路水泥等。

1）海工硅酸盐水泥

当水泥混凝土与海水及其他氯盐接触时，氯离子易于迁移至混凝土钢筋表面，破坏钢筋表面钝化膜，导致钢筋锈蚀，钢筋锈蚀膨胀导致混凝土保护层开裂及剥落，严重影响混凝土结构安全性。海工硅酸盐水泥通过熟料粉与矿渣粉、粉煤灰等细磨矿物材料复合激发及反应机制互补、火山灰效应、微细填充作用，使水泥的水化产物和孔结构优化，对氯离子化学结合和物理吸附增强，以实现较强的抗海水侵蚀性能，满足工程需求。我国海工硅酸盐水泥的现行国家标准为《海工硅酸盐水泥》GB/T 31289—2014。

海工硅酸盐水泥各组分应符合表2-5的规定。

海工硅酸盐水泥各组分要求　　　　　　　　　　　　　　表2-5

组分		含量（质量分数）（%）	满足标准
熟料[a]		30～50	GB/T 21372
天然石膏[b]			GB/T 5483
水泥混合材	粉煤灰[c]	50～70 且硅灰≤5	GB/T 1596
	粒化高炉矿渣粉		GB/T 18046
	硅灰		GB/T 18736

注：a 硅酸盐水泥熟料 3d 抗压强度不应低于 30MPa，28d 抗压强度不应低于 52.5MPa，其他性能符合 GB/T 21372 旋窑生产的硅酸盐水泥熟料相关要求；
　　b 符合 GB/T 5483 中 G 类、A 类或 M 类二级（含）以上的石膏或混合石膏，其中硬石膏含量不应大于石膏总量的 50%；
　　c 粉煤灰烧失量不应大于 5.0%，其他性能应符合 GB/T 1596 中 I 级或 II 级要求。

按质量分数计，海工硅酸盐水泥的化学成分要求包括：

① 三氧化硫含量不大于 4.50%；

② 烧失量不大于 3.50%；

③ 氯离子含量不大于 0.06%；

④ 水泥中碱含量作为选择性指标，按 $Na_2O+0.658K_2O$ 计算值表示。若使用活性骨料，用户要求提供低碱水泥时，水泥中的碱含量不应大于 0.60% 或由买卖双方协商确定。

海工硅酸盐水泥的物理性能要求包括：

① 水泥的初凝时间不小于 45min，终凝时间不大于 600min；

② 水泥的安定性规定采用沸煮法合格；

③ 水泥的细度规定为 $45\mu m$ 方孔筛筛余 6%～20%；

④ 水泥的各龄期强度满足表 2-6 的规定；

海工硅酸盐水泥的强度指标　　　　表 2-6

强度等级	抗压强度（MPa）		抗折强度（MPa）	
	3d	28d	3d	28d
32.5L	≥8.0	≥32.5	≥2.5	≥5.5
32.5	≥10.0		≥3.0	
42.5	≥15.0	≥42.5	≥3.5	≥6.5

⑤ 水泥的抗氯离子渗透性满足 28d 水泥氯离子扩散系数不大于 $1.5\times10^{-12}m^2/s$；

⑥ 水泥的抗硫酸盐侵蚀性满足 28d 抗蚀系数 K_C 不低于 0.99。

海工硅酸盐水泥在使用时还需要注意：

① 采用海工硅酸盐水泥配制混凝土时，不宜在现场添加磨细矿物掺合料，且不得与其他品种水泥混合使用；

② 全年气温较高地区宜选用 32.5L、32.5 等级海工硅酸盐水泥，气温较低地区或配制高强度混凝土时宜选用 42.5 等级海工硅酸盐水泥；

③ 海工硅酸盐水泥配制的混凝土，施工后需保持 7d 以上的湿气养护。

2）核电工程用硅酸盐水泥

核电工程用水泥在熟料化学成分、水泥碱含量、水化热、干缩率等方面均与通用硅酸盐水泥有较大不同。核电工程中，通常采用大体积混凝土并且对于混凝土耐久性能有更高要求，且对于混凝土结构裂缝控制更为严格。因此，采用较低水化热的核电水泥可以有效减少核电混凝土内部积蓄的热量，降低混凝土内部的绝热温升和降热阶段出现的收缩变形，减少或避免混凝土裂缝的出现；低碱含量避免潜在可能发生的碱骨料反应，提高核电大体积混凝土的耐久性。我国核电工程用硅酸盐水泥的现行国家标准版本为《核电工程用硅酸盐水泥》GB/T 31545—2015。

核电工程用硅酸盐水泥各组分应符合表 2-7 的规定。

核电工程用硅酸盐水泥各组分要求　　　　表 2-7

组分	含量（质量分数）（%）	满足标准
熟料[a]	—	GB/T 31545
天然石膏[b]	—	GB/T 5483

续表

组分	含量（质量分数）（%）	满足标准
水泥助磨剂	≤0.5	GB/T 26748

注：a 硅酸盐水泥熟料中硅酸三钙（C_3S）的含量按质量分数计不超过 57%，铝酸三钙（C_3A）的含量按质量分数计不超过 7%，游离氧化钙（f-CaO）的含量按质量分数计不超过 1.0%。
　　b 符合 GB/T 5483 中 G 类二级（含）以上的天然二水石膏。

按质量分数计，核电工程用硅酸盐水泥的化学成分要求包括：

① 氧化镁含量不大于 5.0%；

② 不溶物含量不大于 0.75%；

③ 三氧化硫含量不大于 3.0%；

④ 烧失量不大于 3.0%；

⑤ 氯离子含量不大于 0.06%；

⑥ 碱含量按 $Na_2O + 0.658K_2O$ 计算值表示，不大于 0.60%。

核电工程用硅酸盐水泥的物理性能要求包括：

① 水泥的比表面积不小于 280m^2/kg 且不大于 400m^2/kg；

② 水泥的初凝时间不小于 45min，终凝时间不大于 390min；

③ 水泥的安定性规定采用煮沸法合格；

④ 水泥的 28d 干缩率不大于 0.10%；

⑤ 水泥的各龄期强度满足表 2-8 的规定；

核电工程用硅酸盐水泥的强度指标　　　　表 2-8

强度等级	抗压强度（MPa）		抗折强度（MPa）	
	3d	28d	3d	28d
42.5	≥17.0	≥42.5	≥3.5	≥6.5

⑥ 核电工程用硅酸盐水泥的各龄期水化热满足表 2-9 规定。

核电工程用硅酸盐水泥的水化热指标　　　　表 2-9

强度等级	水化热（kJ/kg）	
	3d	7d
42.5	≤251	≤293

（3）特性水泥

特性水泥是某种性能比较突出的一类水泥，可根据其性能特点用于不同用途。主要有以下几类：

1）抗硫酸盐硅酸盐水泥

与一般硅酸盐水泥相比，抗硫酸盐硅酸盐水泥对熟料矿物中的铝酸三钙（C_3A）和硅酸三钙（C_3S）最高含量进行了限定，由于 C_3A 自身及其水化产物以及 C_3S 的水化产物氢氧化钙（CH）都容易与外部硫酸盐发生化学反应并产生腐蚀，因此抗硫酸盐硅酸盐水泥表现出优越的抗硫酸盐侵蚀性能，特别适用于我国盐湖、盐渍土以及海洋地区等易受硫酸盐侵蚀的工程结构。抗硫酸盐硅酸盐水泥包括中抗硫酸盐硅酸盐水泥和高抗硫酸盐硅酸盐水泥。中抗硫酸盐硅酸盐水泥是以特定矿物组成的硅酸盐水泥熟料，加入适量石膏，磨细制成的具有抵抗中等浓度硫酸根离子侵蚀的水硬性胶凝材料，代号 P·MSR。高抗硫酸盐硅酸盐水泥是以特定矿物组成的硅酸盐水泥熟料，加入适量石膏，磨细制成的具有抵抗较高浓度硫酸根离子侵蚀的水硬性胶凝材料，代号 P·HSR。我国抗硫酸盐硅酸盐水泥的现行国家标准版本为《抗硫酸盐硅酸盐水泥》GB/T 748—2005。

抗硫酸盐硅酸盐水泥的各组分应符合表 2-10 的规定。

抗硫酸盐硅酸盐水泥的组成要求　　　　表 2-10

组分		含量（质量分数）（%）	满足标准
熟料		—	GB/T 21372
石膏	天然石膏	—	GB/T 5483
	工业副产石膏	—	GB/T 21371
助磨剂		≤1	JC/T 667

按质量分数计，抗硫酸盐硅酸盐水泥的化学成分要求包括：

① 硅酸三钙和铝酸三钙的含量应符合表 2-11 的规定；

水泥中硅酸三钙（C₃S）和铝酸三钙（C₃A）的含量　　　　表 2-11

分类	C_3S 含量（质量分数）（%）	C_3A 含量（质量分数）（%）
中抗硫酸盐水泥	≤55.0	≤5.0
高抗硫酸盐水泥	≤50.0	≤3.0

② 烧失量不大于 3.0%；

③ 氧化镁含量不应大于 5.0%，如果水泥经过压蒸安定性实验合格，则水泥中氧化镁的含量允许放宽到 6.0%；

④ 三氧化硫含量不应大于 2.5%；

⑤ 不溶物含量不应大于 1.50%；

⑥ 碱含量由供需双方商定。若使用活性骨料，用户要求提供低碱水泥时，水泥中的碱含量按 $Na_2O+0.658K_2O$ 计算不应大于 0.60%。

抗硫酸盐硅酸盐水泥的物理性能要求包括：

① 水泥的比表面积不应小于 280m²/kg。

② 水泥的初凝时间不应早于 45min，终凝时间不应迟于 600min。

③ 水泥的安定性用煮沸法检验，必须合格。

④ 中抗硫酸盐硅酸盐水泥 14d 线膨胀率不应大于 0.060%，高抗硫酸盐硅酸盐水泥 14d 线膨胀率不应大于 0.040%。

⑤ 水泥的各龄期的抗压强度和抗折强度应符合表 2-12 的规定。

抗硫酸盐硅酸盐水泥强度指标　　　　表 2-12

分类	强度等级	抗压强度（MPa）		抗折强度（MPa）	
		3d	28d	3d	28d
中抗硫酸盐水泥、高抗硫酸盐水泥	32.5	≥10.0	≥32.5	≥2.5	≥6.0
	42.5	≥15.0	≥42.5	≥3.0	≥6.5

2）中热硅酸盐水泥、低热硅酸盐水泥

主要从熟料矿相成分和水化热等技术指标方面提出要求，通过降低水泥的水化热和放热速率，避免工程早期水化热集中造成干缩、裂纹等质量隐患，因而主要用在大体积混凝土工程中。中热硅酸盐水泥（简称中热水泥）是以适当成分的硅酸盐水泥熟料，加入适量石膏，磨细制成的具有中等水化热的水硬性胶凝材料。低热硅酸盐水泥（简称低热水泥）是以适当成分的硅酸盐水泥熟料，加入适量石膏，磨细制成的具有低水化热的水硬性胶凝材料。我国对应中、低热硅酸盐水泥的现行国家标准版本为《中热硅酸盐水泥、低热硅酸盐水泥》GB/T 200—2017。

按质量分数计，中热硅酸盐水泥、低热硅酸盐水泥的化学成分要求包括：

① 中、低热硅酸盐水泥的组分应符合表 2-13 的规定。

中、低热硅酸盐水泥的组成要求 　　　　表 2-13

组分	要求
中热硅酸盐水泥熟料	硅酸三钙（C_3S）的含量不大于 55.0%，铝酸三钙（C_3A）的含量不大于 6.0%，游离氧化钙（f-CaO）的含量不大于 1.0%
低热硅酸盐水泥熟料	硅酸二钙（C_2S）的含量不小于 40.0%，铝酸三钙（C_3A）的含量不大于 6.0%，游离氧化钙（f-CaO）的含量不大于 1.0%
石膏	符合 GB/T 5483 中 G 类或 M 类二级（含）以上的石膏或混合石膏

② 氧化镁的含量不大于 5.0%。如果水泥经过压蒸安定性实验合格，则水泥中氧化镁的含量允许放宽到 6.0%。

③ 三氧化硫的含量不大于 3.5%。

④ 烧失量不大于 3.0%。

⑤ 不溶物的含量不大于 0.75%。

⑥ 碱含量作为选择性指标，按 $Na_2O + 0.658K_2O$ 计算值表示。若使用活性骨料，用户要求提供低碱水泥时，水泥中的碱含量不应大于 0.60% 或买卖双方协商确定。

⑦ 用户提出要求时，水泥中硅酸三钙（C_3S）、硅酸二钙（C_2S）和铝酸三钙（C_3A）的含量应符合表 2-14 规定或由买卖双方协商确定。

硅酸三钙（C_3S）、硅酸二钙（C_2S）和铝酸三钙（C_3A）含量 　　　表 2-14

品种	C_3S/%	C_2S/%	C_3A/%
中热水泥	≤55.0	—	≤6.0
低热水泥	—	≥40.0	≤6.0

中、低热硅酸盐水泥的物理性能要求包括：

① 水泥的比表面积不应小于 250m²/kg，初凝时间不应早于 60min，终凝时间不应迟于 720min。

② 水泥的沸煮安定性合格。

③ 水泥的各龄期的抗压强度和抗折强度应符合表 2-15 的规定。

中、低热硅酸盐水泥强度指标 　　　　表 2-15

品种	强度等级	抗压强度（MPa）			抗折强度（MPa）		
		3d	7d	28d	3d	7d	28d
中热水泥	42.5	≥12.0	≥22.0	≥42.5	≥3.0	≥4.5	≥6.5
低热水泥[a]	32.5	—	≥10.0	≥32.5	—	≥3.0	≥5.5
	42.5	—	≥13.0	≥42.5	—	≥3.5	≥6.5

注：a 低热水泥 90d 抗压强度不低于 62.5MPa。

④ 水泥的水化热应符合表 2-16 的规定。

水泥的水化热指标　　　　表 2-16

品种	强度等级	水化热（kJ/kg）	
		3d	7d
中热水泥	42.5	≤251	≤293
低热水泥*	32.5	≤197	≤230
	42.5	≤230	≤260

注：＊ 32.5级低热水泥28d水化热不大于290kJ/kg，42.5级低热水泥28d水化热不大于310kJ/kg。

3）快硬硫铝酸盐水泥

其矿物组成特征是含有大量硫铝酸钙（$C_4A_3\bar{S}$），具有早强、高强、高抗渗、高抗冻、耐蚀、低碱和生产能耗低等基本特点，特别适用于抢修抢建、冬期低温施工以及海洋建筑等工程结构。硫铝酸盐水泥分为快硬硫铝酸盐水泥、低碱度硫铝酸盐水泥和自应力硫铝酸盐水泥，其中快硬硫铝酸盐水泥最为常用。快硬硫铝酸盐水泥是由适当成分的硫铝酸盐水泥熟料和少量石灰石、适量石膏共同磨细制成的，具有早期强度高的水硬性胶凝材料，代号 R.SAC。我国快硬硫铝酸盐水泥执行的现行国家标准版本为《硫铝酸盐水泥》GB/T 20472—2006。

快硬硫铝酸盐水泥的各组分应符合表 2-17 的规定。

快硬硫铝酸盐水泥的组成要求　　　　表 2-17

组分	含量（质量分数）（%）
硫铝酸盐水泥熟料[a]	—
石膏[b]	—
石灰石[c]	≤15

注：a 熟料中三氧化二铝（Al_2O_3）含量按质量分数计不应小于30.0%，二氧化硅（SiO_2）含量不应大于10.5%；硫铝酸盐水泥熟料的3d抗压强度不应低于55.0MPa。
　　b 石膏应符合 GB/T 5483 中 A 类一级、G 类二级以上规定要求，当采用工业副产石膏，应符合 GB/T 21371 且通过试验证明对水泥性能无害。
　　c 石灰石中氧化钙（CaO）含量不应小于50.0%，三氧化二铝（Al_2O_3）含量不应大于2.0%。

快硬硫铝酸盐水泥的物理性能要求包括：

① 水泥的比表面积不小于 $350m^2/kg$；

② 水泥的初凝时间不小于 25min，终凝时间不大于 180min，也可以根据用户需求进行变动；

③ 水泥的各强度等级不应低于表 2-18 数值。

快硬硫铝酸盐水泥强度指标　　　　表 2-18

强度等级	抗压强度（MPa）			抗折强度（MPa）		
	1d	3d	28d	1d	3d	28d
42.5	30.0	42.5	45.0	6.0	6.5	7.0
52.5	40.0	52.5	55.0	6.5	7.0	7.5
62.5	50.0	62.5	65.0	7.0	7.5	8.0
72.5	55.0	72.5	75.0	7.5	8.0	8.5

4）铝酸盐水泥

以石灰岩和矾土为主要原料，烧至全部或部分熔融所得以铝酸钙为主要矿物的熟料，经磨细而成的水硬性胶凝材料。铝酸盐水泥具有早期强度高，抗渗性、抗冻性好和耐高温的特点，适用于抢修抢建、抗硫酸盐腐蚀和耐热工程结构中。铝酸盐水泥是由铝酸盐水泥熟料磨细制成的水硬性胶凝材料，代号CA。我国对应铝酸盐水泥的现行国家标准版本为《铝酸盐水泥》GB/T 201—2015。按熟料中 Al_2O_3 含量（质量分数）分为CA50、CA60、CA70和CA80四个品种，各品种作如下规定：

① CA50：$50\% \leqslant w(Al_2O_3) < 60\%$，该品种根据强度等级分为CA50-Ⅰ、CA50-Ⅱ、CA50-Ⅲ和CA50-Ⅳ；

② CA60：$60\% \leqslant w(Al_2O_3) < 68\%$，该品种根据主要矿物组成分为CA60-Ⅰ（以铝酸一钙为主）和CA60-Ⅱ（以二铝酸一钙为主）；

③ CA70：$68\% \leqslant w(Al_2O_3) < 77\%$；

④ CA80：$w(Al_2O_3) \geqslant 77\%$。

特别地，在磨制CA70水泥和CA80水泥时可掺加适量的 α-Al_2O_3 粉，且所用 α-Al_2O_3 粉应符合现行行业标准《煅烧 α 型氧化铝》YS/T 89 的规定。

以质量分数计，铝酸盐水泥的化学成分应满足表2-19的规定。

铝酸盐水泥的化学成分要求   表2-19

类型	Al_2O_3含量（%）	SiO_2含量（%）	Fe_2O_3含量（%）	碱含量（%）（$Na_2O + 0.658K_2O$）	S（全硫）含量（%）	Cl^-含量（%）
CA50	≥50 且 <60	≤9.0	≤3.0	≤0.50	≤0.2	≤0.06
CA60	≥60 且 <68	≤5.0	≤2.0			
CA70	≥68 且 <77	≤1.0	≤0.7	≤0.40	≤0.1	
CA80	≥77	≤0.5	≤0.5			

铝酸盐水泥细度要求比表面积不小于 $300m^2/kg$ 或 $45\mu m$ 筛余不大于 20%，如果有争议时应以比表面积为准。

铝酸盐水泥胶砂凝结时间应符合表2-20的规定。

铝酸盐水泥胶砂凝结时间指标   表2-20

类型		初凝时间（min）	终凝时间（min）
CA50		≥30	≤360
CA60	CA60-Ⅰ	≥30	≤360
	CA60-Ⅱ	≥60	≤1080
CA70		≥30	≤360
CA80		≥30	≤360

铝酸盐水泥各龄期强度指标应符合表2-21的规定。

耐火度作为铝酸盐水泥的选择性指标，用户有耐火度要求时，水泥的耐火度由买卖双方商定。

铝酸盐水泥各龄期强度指标　　　　　表 2-21

类型		抗压强度（MPa）				抗折强度（MPa）			
		6h	1d	3d	28d	6h	1d	3d	28d
CA50	CA50-Ⅰ	≥20ᵃ	≥40	≥50	—	≥3ᵃ	≥5.5	≥6.5	—
	CA50-Ⅱ		≥50	≥60	—		≥6.5	≥7.5	—
	CA50-Ⅲ		≥60	≥70	—		≥7.5	≥8.5	—
	CA50-Ⅳ		≥70	≥80	—		≥8.5	≥9.5	—
CA60	CA60-Ⅰ	—	≥65	≥85	—	—	≥7.0	≥10.0	—
	CA60-Ⅱ	—	≥20	≥45	≥85	—	≥2.5	≥5.0	≥10.0
CA70		—	≥30	≥40	—	—	≥5.0	≥6.0	—
CA80		—	≥25	≥30	—	—	≥4.0	≥5.0	—

注：a 用户要求时，生产厂家提供试验结果。

2.1.3　常见问题及原因

1. 常见问题及原因

长期以来，我国水泥生产和混凝土生产分属两个行业，现有水泥产品标准的技术指标大多是根据我国水泥生产企业的平均工艺水平制定出来的，在某些指标上并不能充分满足混凝土质量控制的要求，目前水泥存在常见问题如下：

（1）早期强度过高引起混凝土质量问题

现代混凝土发展取得一个共识，即当前水泥强度特别是早期强度偏高（一般为 26～30MPa），水泥早期水化速率过快、水化放热高，导致混凝土收缩开裂风险增加，结构耐久性降低。造成水泥早期强度偏高的原因很多，一方面，水泥企业为了满足混凝土行业施工尽早脱模、加快施工进度的要求，片面强调水泥 3d、7d 强度，造成水泥早期强度偏高，28d 后强度增长率偏低。另一方面，某些生产者与用户都过于强调水泥强度而忽视了其他技术指标。同时，现行水泥产品标准中仅提出了强度的下限值而没有上限值，导致个别水泥早期强度过高。

（2）为满足早强高强且低成本的需求，导致水泥其他性能产生不利影响

为满足水泥早强高强的需求，水泥生产企业必然增加水泥细度，提高熟料矿物中 C_3S、C_3A 和碱含量，而标准中对这些技术指标的要求不合理或者甚至缺乏对某些技术指标的要求，由此导致水泥早期水化速率加快、收缩增大、开裂敏感性提高、需水量大等诸多问题，影响水泥混凝土的工作性及耐久性。此外，工业副产石膏被大量用作水泥调凝剂，而不同类型石膏（如二水石膏、半水石膏、无水石膏）、掺量及其杂质含量（如可溶性磷、氟等）对水泥早期水化影响差异巨大，导致水泥凝结时间和流动性波动较大。

（3）现行水泥产品中缺乏部分影响水泥在混凝土中应用的技术要求

现行水泥产品标准中水泥强度按《水泥胶砂强度检验方法（ISO 法）》GB/T 17671—1999 方法检验，是在不使用减水剂、固定水胶比为 0.5 情况下测得的相对数值，而现代混凝土普遍采用减水剂，水胶比普遍在 0.45 以下。因此，按现行标准方法测试的水泥强度与水泥在混凝土中的表现存在一定差异。

此外，现行水泥产品标准中缺乏反映水泥与减水剂相容性的要求和试验方法，缺乏交付水泥的温度上限值等影响水泥在混凝土中应用的技术要求。

2. 建议

为解决上述问题，混凝土生产企业在选择水泥时，除关注产品是否满足现行水泥标准之外，还需要从混凝土的角度关注其他技术指标，具体可以考虑：

① 水泥 28d/3d 强度比值、365d/90d 强度比值的下限指标，保证水泥的早期强度不能过高，同时强度在较长的一段时间内持续增长。

② 适当调整水泥细度指标。要求水泥比表面积不超过 360m²/kg 或者根据工程实际情况调整要求。更细致地，可以提出水泥颗粒的粒径分布要求。因为，首先水泥某一粒径筛余、比表面积均不是水泥细度的单值函数，与水泥细度确定相关的是粒径分布。其次水泥粒径<3μm 的超细颗粒增多会造成早期水化过快，流动性降低等问题；粒径 3~32μm 细颗粒对水泥强度贡献最大；粒径>38μm 的颗粒易造成水泥泌水量增大，而粒径>65μm 的粗颗粒只起到骨架作用，从而对熟料造成不必要的浪费，因此条件允许时建议按颗粒粒径<3μm、3~32μm 以及>65μm 对不同水泥粒径分布进行明确限定。

③ 熟料 C_3A、C_3S 含量的上限指标。C_3A、C_3S 矿物早期水化速率快，容易造成水泥混凝土工作性降低和收缩开裂等问题，同时 C_3A、C_3S 及其水化产物还容易受到外部硫酸盐化学侵蚀，是混凝土遭受硫酸侵蚀劣化的主要原因，因此宜对二者上限指标进行合理规定。

④ 水泥水化热上限指标，控制水泥早期水化速率。

⑤ 水泥与减水剂相容性要求，建议使用砂浆扩展度法进行检验。

⑥ 适当提高 SO_3 限定值，调整水泥初凝时间下限指标，使水泥中石膏掺量和类型得到优化。采用工业副产石膏和硬石膏替换天然二水石膏作为水泥调凝剂已成为水泥行业发展的必然趋势，然而工业副产石膏和硬石膏溶解度与反应活性不及天然二水石膏。为了达到降低水泥早期水化速率目的，同时提高工业副产石膏掺量以实现水泥工业绿色化，应该放宽水泥中 SO_3 限定值，同时适当延长水泥初凝时间。

⑦ 工业副产石膏含有的可溶性磷、可溶性氟均可以大幅延迟水泥凝结时间，因此需要限定其含量，防止水泥过度缓凝。

⑧ 交付水泥的温度限制，保证水泥凝结时间和流动度稳定性。

⑨ 建立低水灰比、掺加外加剂条件下的强度检验方法，作为现行强度检验方法《水泥胶砂强度检验方法（ISO 法）》GB/T 17671 的补充。

国家标准《高性能混凝土技术条件》GB/T 41054—2021 已纳入上述部分理念，提出了高性能混凝土用硅酸盐水泥、普通硅酸盐水泥的技术指标建议，见表 2-22。

硅酸盐水泥、普通硅酸盐水泥技术指标建议　　　　　　　　　　表 2-22

项目	建议值
比表面积（m²/kg）	≤360
3d 抗压强度[a]（MPa）	42.5 级硅酸盐水泥、普通硅酸盐水泥：≥17.0 且≤25.0 52.5 级硅酸盐水泥、普通硅酸盐水泥：≥22.0 且≤31.0
28d/3d 抗压强度比[a]	≥1.70
熟料 C_3A 含量（质量分数）（%）	重度硫酸盐环境下：≤5.0 中度硫酸盐环境下：≤8.0 海水等氯化物环境下：≤10.0

续表

项目	建议值
3d 水化热（kJ/kg）a	一般水泥：≤280 中热水泥：≤251 低热水泥：≤230
7d 水化热（kJ/kg）a	一般水泥：≤320 中热水泥：≤293 低热水泥：≤260
氯离子含量（质量分数）（%）	≤0.06
标准稠度用水量（%）	≤27

注：a 选择性指标，当硅酸盐水泥、普通硅酸盐水泥用于有抗裂要求的混凝土中时采用。

3. 案例分析

案例 1：

问题描述：某水电站建设工程，依据项目设计方案，电站水坝采用抗硫酸盐硅酸盐水泥，该品种水泥为某水泥企业针对该项目研发生产，满足《抗硫酸盐硅酸盐水泥》GB 748—2005 要求，但刚开始施工时，该水泥外加剂适应性较差，混凝土坍落度损失过快，现场浇筑困难。

原因分析：刚开始供货时，厂家为保证水泥产品满足标准，大幅提高了水泥 3d 和 28d 富裕强度，水泥粉磨细度过细。

解决对策：经过厂家与电站施工方技术人员共同探讨，决定降低水泥控制细度，45μm 筛余控制值由 4%±1% 调整为 7%±1%，水泥比表面积由 360m²/kg 下降到 320m²/kg，3d 和 28d 水泥强度满足国家标准即可，调整后水泥使用正常。

案例 2：

问题描述：某水泥生产企业在某一生产运营时段内，陆续收到下游客户对水泥质量的投诉：某混凝土搅拌站采用该公司生产的 P.O 42.5 级水泥配制的 C50 混凝土初始流动性好，但 5min 后流动性基本消失，坍落度损失过大，不利于现场施工；某搅拌站反应，采用该公司生产的 P.O 42.5 级配制的 C35 混凝土在施工过程中出现严重泌水和泌浆现象。

原因分析：水泥生产技术人员对近期关于熟料和水泥的相关数据进行了详细分析，发现产生下游混凝土工作性不良的主要原因是水泥熟料中 C_3A 含量在某一时段内产生了较大波动，有连续 3dC_3A 含量超过 8%。而 C_3A 含量过高容易吸附混凝土中的外加剂，造成水泥与外加剂适应性变差，同时还使混凝土早期水化加快，造成混凝土坍落度过大。

解决对策：生产技术人员先从进厂原燃材料的质量进行控制，经过合理的预均化并优化各原材料搭配方案，使入库原料化学成分稳定，进而严格控制生料率值，控制生料的铝氧率（IM 值），从而控制水泥熟料中 C_3A 含量在 7% 以下，经调整过后水泥混凝土工作性回归正常。

2.2　掺合料

混凝土矿物掺合料（简称"掺合料"）已经成为现代混凝土中不可或缺的重要组成部分。通过科学合理地掺入掺合料，从而达到改善混凝土和易性、延缓水化放热速率、降低水化热以减少混凝土开裂、提高耐久性的目的。最常用的混凝土掺合料主要有粉煤灰、粒化高炉矿渣粉以及硅灰等来自工业废渣的活性矿物掺合料。然而，巨大的消耗量已使得一些优质传统的矿物掺合料在局部地区日益紧缺，部分地区粉煤灰等传统矿物掺合料劣质化现象严重，甚至部分地区无优质传统矿物掺合料供应。

另外，由于河砂资源日趋匮乏，很多地区不得不采用机制砂生产混凝土，机制砂在生产加工过程中会产生15％～20％的石粉，而现行规范对机制砂石粉含量有严格的限制，多余部分的天然岩石粉如何作为掺合料加以利用成为一个重要课题。钢渣粉、镍铁渣粉、粒化电炉磷渣粉等应用规模较小的掺合料需要进一步开发利用，既解决了工业固体废弃物的消纳问题，同时又作为矿物掺合料的资源补充。

2.2.1 相关标准

GB/T 1596—2017 用于水泥和混凝土中的粉煤灰

GB/T 18046—2017 用于水泥、砂浆和混凝土中的粒化高炉矿渣粉

GB/T 20491—2017 用于水泥和混凝土中的钢渣粉

GB/T 26751—2011 用于水泥和混凝土中的粒化电炉磷渣粉

GB/T 27690—2011 砂浆和混凝土用硅灰

GB/T 35164—2017 用于水泥、砂浆和混凝土的石灰石粉

JG/T 486—2015 混凝土用复合掺合料

T/CCES 6004—2021 混凝土用功能型复合矿物掺合料

2.2.2 要求

《混凝土质量控制标准》GB 50164—2011 中规定用于混凝土中的矿物掺合料可包括粉煤灰、粒化高炉矿渣粉、硅灰、沸石粉、钢渣粉、磷渣粉；可采用两种或两种以上的矿物掺合料按一定比例混合使用。

《混凝土结构工程施工规范》GB 50666—2011 中规定矿物掺合料的选用应根据设计、施工要求，以及工程所处环境条件确定，其掺量应通过试验确定。附录 F 中规定了粉煤灰、矿渣粉、硅灰、沸石粉的技术要求。

《混凝土结构工程施工质量验收规范》GB 50204—2015 中规定混凝土用矿物掺合料检验结果应符合国家现行有关标准的规定，并提出了粉煤灰、石灰石粉、磷渣粉、钢铁渣粉、粒化高炉磷渣粉、沸石粉、复合掺合料、硅灰的检验数量要求。

因此，混凝土质量控制、施工及验收各环节的相关国家标准中对采用的矿物掺合料提出要求，结合实际工程情况，本指南选取最为常用的几类掺合料进行介绍。

1. 掺合料的分类

矿物掺合料是指以硅、铝、钙等一种或多种氧化物为主要成分，具有规定细度，掺入混凝土中能改善混凝土性能和降低成本的粉体材料，可分为活性矿物掺合料和惰性矿物掺合料，见表 2-23。

掺合料的分类　　　　　　　　　　　　　　　　　　　表 2-23

种类	代表性掺合料
活性掺合料	粉煤灰、粒化高炉矿渣粉、硅灰、钢渣粉、粒化电炉磷渣粉
惰性掺合料	石灰石粉以及其他天然岩石粉、铁尾矿微粉等

由于各类天然岩石粉、尾矿微粉与石灰石粉具有一定的相似性，本指南重点介绍石灰石粉的技术特点。

此外，将两种或两种以上矿物掺合料按一定比例混合均匀的粉体材料，或将两种或两种以上的矿物原料，按照一定的比例混合后，必要时可加入适量的石膏和助磨剂，再粉磨至规定细度的粉体材料，称为复合掺合料，可以改善混凝土拌合物或硬化混凝土的性能。

2. 掺合料的技术要求

（1）粉煤灰

《用于水泥和混凝土中的粉煤灰》GB/T 1596—2017 规定了拌制混凝土用粉煤灰的技术要求，见表 2-24。根据燃煤品种分为 F 类粉煤灰（由无烟煤或烟煤煅烧收集的粉煤灰）和 C 类粉煤灰（由褐煤或次烟煤煅烧收集的粉煤灰，氧化钙含量一般大于或等于 10％）。拌制砂浆和混凝土用粉煤灰理化性能要求见表 2-24。

拌制砂浆和混凝土用粉煤灰理化性能要求　　　　　　　　　　　　表 2-24

项目		技术要求		
		Ⅰ级	Ⅱ级	Ⅲ级
细度（45μm 方孔筛筛余）（％）	F 类粉煤灰	≤12.0	≤30.0	≤45.0
	C 类粉煤灰			
需水量比（％）	F 类粉煤灰	≤95	≤105	≤115
	C 类粉煤灰			
烧失量（Loss）（％）	F 类粉煤灰	≤5.0	≤8.0	≤10.0
	C 类粉煤灰			
含水量（％）	F 类粉煤灰	≤1.0		
	C 类粉煤灰			
三氧化硫（SO_3）质量分数（％）	F 类粉煤灰	≤3.0		
	C 类粉煤灰			
游离氧化钙（f-CaO）质量分数（％）	F 类粉煤灰	≤1.0		
	C 类粉煤灰	≤4.0		
二氧化硅（SiO_2）、三氧化二铝（Al_2O_3）和三氧化二铁（Fe_2O_3）总质量分数（％）	F 类粉煤灰	≥70.0		
	C 类粉煤灰	≥50.0		
密度（g/cm³）	F 类粉煤灰	≤2.6		
	C 类粉煤灰			
安定性（雷氏法）（mm）	C 类粉煤灰	≤5.0		
强度活性指数（％）	F 类粉煤灰	≥70.0		
	C 类粉煤灰			

粉煤灰的放射性：符合《建筑材料放射性核素限量》GB 6566 中建筑主体材料规定的指标要求。

粉煤灰中的碱含量：按 $Na_2O+0.658K_2O$ 计算值表示，当粉煤灰应用中有碱含量要求时，由买卖双方协商确定。

粉煤灰中半水亚硫酸钙含量：采用干法或半干法脱硫工艺排出的粉煤灰应检测半水亚硫酸钙含量，其含量不大于 3.0％。

粉煤灰的均匀性：以细度表征，单一样品的细度不应超过前 10 个样品细度平均值

（如样品少于 10 个，则为所有前述样品试验的平均值）的最大偏差，最大偏差范围由买卖双方协商确定。

（2）粒化高炉矿渣粉

《用于水泥、砂浆和混凝土中的粒化高炉矿渣粉》GB/T 18046—2017 规定了用作混凝土掺合料的粒化高炉矿渣粉的技术要求（表 2-25）。

矿渣粉的技术要求　　　　　　　　　　　　　　　　表 2-25

项目		级别		
		S105	S95	S75
密度（g/cm³）		≥2.8		
比表面积（m²/kg）		≥500	≥400	≥300
活性指数（%）	7d	≥95	≥70	≥55
	28d	≥105	≥95	≥75
流动度比（%）		≥95		
初凝时间比（%）		≤200		
含水量（质量分数,%）		≤1.0		
三氧化硫（质量分数,%）		≤4.0		
氯离子（质量分数,%）		≤0.06		
烧失量（质量分数,%）		≤1.0		
不溶物（质量分数,%）		≤3.0		
玻璃体含量（质量分数,%）		≥85		
放射性		$I_{Ra} \leqslant 1.0$ 且 $I_r \leqslant 1.0$		

（3）硅灰

《砂浆和混凝土用硅灰》GB/T 27690—2011 规定了混凝土用硅灰的技术要求（表 2-26）。

硅灰的技术要求　　　　　　　　　表 2-26

项目	指标
固含量（液料）（%）	生产控制值的±2
总碱量（%）	≤1.5
SiO_2 含量（%）	≥85.0
氯含量（%）	≤0.1
含水率（粉料）（%）	≤3.0
烧失量（%）	≤4.0
需水量比（%）	≤125
比表面积（BET 法）（m²/g）	≥15
活性指数（7d 快速法）（%）	≥105
放射性	$I_{Ra} \leqslant 1.0$ 和 $I_r \leqslant 1.0$
抑制碱骨料反应性（%）	14d 膨胀率降低值≥35
抗氯离子渗透性（%）	28d 电通量之比≤40

注：1. 硅灰浆折算为固体含量按此表进行检验。
　　2. 抑制碱骨料反应性和抗氯离子渗透性为选择性试验项目，由供需双方协商决定。

（4）石灰石粉

《用于水泥、砂浆和混凝土的石灰石粉》GB/T 35164—2017 规定了拌制砂浆和混凝土时作为掺合料的石灰石粉及水泥生产中作为混合材料的石灰石粉的技术要求（表 2-27）。

石灰石粉的技术要求　　　　　　　　　　　　表 2-27

项目	指标		
流动度比（%）	≥95		
碳酸钙含量（%）	≥75		
含水量（%）	≤1.0		
总有机碳含量（TOC）（%）	≤0.5		
抗压强度比（%）	7d		28d
	≥60		≥60
45μm 方孔筛筛余（%）	A 型		B 型
	≤15%		≤45%
亚甲蓝值（MB 值）（g/kg）	Ⅰ级	Ⅱ级	Ⅲ级
	≤0.5	≤1.0	≤1.4
碱含量（选择性指标）	碱含量按 $Na_2O+0.658K_2O$ 计算值表示，当石灰石粉应用过程中需要限制碱含量时，由供需双方协商确定		

（5）钢渣粉

《用于水泥和混凝土中的钢渣粉》GB/T 20491—2017 规定了水泥和混凝土中钢渣粉的技术要求（表 2-28）。

钢渣粉的技术要求　　　　　　　　　　　　表 2-28

项目		一级	二级
比表面积（m^2/kg）		≥350	
密度（g/cm^3）		≥3.2	
含水量（质量分数,%）		≤1.0	
游离氧化钙含量（质量分数,%）		≤4.0	
三氧化硫含量（质量分数,%）		≤4.0	
氯离子含量（质量分数,%）		≤0.06	
活性指数（%）	7d	≥65	≥55
	28d	≥80	≥65
流动度比（%）		≥95	
安定性（%）	沸煮法	合格	
	压蒸法	6h 压蒸膨胀率≤0.50[a]	

注：a 如果钢渣中 MgO 含量不大于 5% 时，可不检验压蒸安定性。

（6）磷渣粉

《用于水泥和混凝土中的粒化电炉磷渣粉》GB/T 26751—2011 规定了作水泥混合材和混凝土掺合料的粒化电炉磷渣粉的技术要求（表 2-29）。

磷渣粉的技术要求　　　　　　　　　　　　表 2-29

项目		技术指标		
		级别		
		L95	L85	L70
比表面积（m^2/kg）		≥350		
活性指数（%）	7d	≥70	≥60	≥50
	28d	≥95	≥85	≥70

续表

项目	技术指标		
	级别		
	L95	L85	L70
流动度比（%）	≥95		
密度（g/cm³）	≥2.8		
五氧化二磷含量（%）	≤3.5		
碱含量（$Na_2O+0.658K_2O$）（%）	≤1.0		
三氧化硫含量（%）	≤4.0		
氯离子含量（%）	≤0.06		
烧失量（%）	≤3.0		
含水量（%）	≤1.0		
玻璃体含量（%）	≥80		
放射性	$I_{Ra}≤1.0$ 且 $I_r≤1.0$		

（7）复合矿物掺合料

《混凝土用复合掺合料》JG/T 486—2015 规定了混凝土用复合矿物掺合料的技术要求（表 2-30）。

复合矿物掺合料的技术指标 表 2-30

序号	项目		普通型[a]			早强型[b]	易流型[a]
			Ⅰ级	Ⅱ级	Ⅲ级		
1	细度[c]（45μm 筛余）（质量分数,%）		≤12	≤25	≤30	≤12	≤12
2	流动度比（%）		≥105	≥100	≥95	≥95	≥110
3	活性指数（%）	1d	—	—	—	≥120	—
		7d	≥80	≥70	≥65	—	≥65
		28d	≥90	≥75	≥70	≥110	≥65
4	胶砂抗压强度增长比		≥0.95			≥0.90	
5	含水量（质量分数,%）		≤1.0				
6	氯离子含量（质量分数,%）		≤0.06				
7	三氧化硫含量（质量分数,%）		≤3.5				2.0
8	安定性（%）	沸煮法[d]	合格				
		压蒸发[e]	压蒸膨胀率不大于 0.50				
9	放射性		合格				

注：a 普通型、易流型在流动度比、活性指数和胶砂抗压强度增长比试验中，胶砂配比中复合矿物掺合料占胶凝材料总质量的 30%。

b 早强型在流动度比、活性指数和胶砂抗压强度增长比试验中，胶砂配比中复合矿物掺合料占胶凝材料总质量的 10%。

c 当复合矿物掺合料组分中含有硅灰时，可不检测该项目。

d 仅针对以 C 类粉煤灰、钢渣或钢渣粉中一种或几种为组分的复合矿物掺合料。

e 仅针对以钢渣或钢渣粉为组分的复合矿物掺合料。

碱含量（选择性指标）：复合矿物掺合料的碱含量应为各组分的碱含量之和：粉煤灰和火山灰及火山渣的碱含量可用实测 Na_2O_{ep} 值的 1/6 计算，硅灰和粒化高炉矿渣粉的碱含量可用实测 Na_2O_{ep} 值的 1/2 计算，其他组分的碱含量可按实测 Na_2O_{ep} 值计算。其中

Na_2O_{ep}. 值按 $Na_2O+0.658K_2O$ 计算；当复合矿物掺合料用于具有潜在碱活性骨料配制的混凝土或有其他性能要求时，可限制掺合料的碱含量，限制值由买卖双方协商确定。

（8）功能型复合矿物掺合料

功能型复合矿物掺合料具有显著改善混凝土拌合物工作性、力学性能、耐久性能的作用，并且根据改善作用划分为不同的功能类型。目前仅有中国土木工程学会标准《混凝土用功能型复合矿物掺合料》 T/CCES 6004—2021 一项标准。该标准将功能型复合矿物掺合料分为降黏型、增黏型、防腐降黏型、早强型、蒸养早强型、抗渗型，并提出了具体的技术指标要求。

1）降黏型复合矿物掺合料

降黏型复合矿物掺合料的技术指标应符合表 2-31 的规定。

降黏型复合矿物掺合料的技术指标　　　　　　　　　　表 2-31

序号	项目		技术要求
1	细度	$45\mu m$ 方孔筛筛余（质量分数，%）	≤12
2	流动度比（%）		≥100
3	黏度比（%）		≤65
4	抗压强度比（%）	7d	≥90
		28d	≥90
5	含水量（%）		≤1.0
6	氯离子含量（质量分数，%）		≤0.06
7	三氧化硫含量（质量分数，%）		≤3.5

2）增黏型复合矿物掺合料

增黏型复合矿物掺合料的技术指标应符合表 2-32 的规定。

增黏型复合矿物掺合料的技术指标　　　　　　　　　　表 2-32

序号	项目		技术要求
1	细度	$45\mu m$ 方孔筛筛余（质量分数，%）	≤12
2	流动度比（%）		≤90
3	黏度比（%）		≥150
4	抗压强度比（%）	7d	≥90
		28d	≥100
5	含水量（%）		≤1.0
6	氯离子含量（质量分数，%）		≤0.06
7	三氧化硫含量（质量分数，%）		≤3.5

3）防腐降黏型复合矿物掺合料

防腐降黏型复合矿物掺合料的技术指标应符合表 2-33 的规定。

防腐降黏型复合矿物掺合料的技术指标　　　　　　　　　　表 2-33

序号	项目		技术要求
1	细度	$45\mu m$ 方孔筛筛余（质量分数，%）	≤12
2	黏度比[a]（%）		≤65

续表

序号	项目		技术要求
3	混凝土抗压强度比（%）	3d	≥100
		7d	
		28d	
4	收缩率比（%）		≤110
5	氯离子渗透系数比（%）		≤80
6	硫酸盐侵蚀系数比（%）		≥115
7	含水量（质量分数,%）		≤1.0
8	氯离子含量（质量分数,%）		≤0.06
9	三氧化硫含量（质量分数,%）		≤3.5

4）早强型复合矿物掺合料

早强型复合矿物掺合料的技术指标应符合表 2-34 的规定。

早强型复合矿物掺合料的技术指标 表 2-34

序号	项目		技术要求
1	细度	45μm 方孔筛筛余（质量分数,%）	≤12
2	流动度比（%）		≥90
3	抗压强度比（%）	1d	≥110
		28d	≥100
4	含水量（质量分数,%）		≤1.0
5	氯离子含量（质量分数,%）		≤0.06
6	三氧化硫含量（质量分数,%）		≤3.5

5）蒸养早强型复合矿物掺合料

蒸养早强型复合矿物掺合料的技术指标应符合表 2-35 的规定。

蒸养早强型复合矿物掺合料的技术指标 表 2-35

序号	项目		技术要求
1	细度	45μm 方孔筛筛余（质量分数,%）	≤12
2	密度（g/cm³）		≥2.0
3	流动度比（%）		≥90
4	蒸养抗压强度比（%）	蒸养	≥110
		3d	
		28d	≥100
5	含水量（质量分数,%）		≤1.0
6	氯离子含量（质量分数,%）		≤0.06
7	三氧化硫含量（质量分数,%）		≤4.0
8	烧失量（质量分数,%）		≤5.0

6）抗渗型复合矿物掺合料

抗渗型复合矿物掺合料的技术指标应符合表 2-36 的规定。

抗渗型复合矿物掺合料的技术指标 表 2-36

序号	项目		技术要求
1	细度	45μm 方孔筛筛余（质量分数，%）	≤12
2	混凝土抗压强度比/%	7d	≥100
		28d	
3	收缩率比（%，28d）		≤125
4	混凝土抗渗性能	掺加抗渗型复合矿物掺合料混凝土的抗渗压力（MPa，28d）	报告实测值
		抗渗压力比（%，28d）	≥150
		掺加抗渗型复合矿物掺合料混凝土的第二次抗渗压力（MPa，56d）	报告实测值
		第二次抗渗压力比（%，56d）	≥150
5	含水量（质量分数，%）		≤1.0
6	氯离子含量（质量分数，%）		≤0.06
7	三氧化硫含量（质量分数，%）		≤4.0

2.2.3 常见问题及原因

1. 常见问题及原因

（1）部分地区传统矿物掺合料劣质化现象严重，现行产品标准难以鉴别

例如，随着清洁能源比例的提高，电厂粉煤灰供应量总体呈现减少趋势，尤其在南方部分地区，粉煤灰供需不平衡问题突出。随着环保要求的提高，为了减少燃煤过程中 NO_x 的排放，需要在燃煤过程中进行"脱硝"处理，不当的脱硝工艺可能会造成粉煤灰中残留 NH_4^+，由于《用于水泥和混凝土的粉煤灰》GB/T 1596—2017 中未提出氨含量的测试方法及指标要求，导致经常发生由于误用脱硝粉煤灰导致的工程质量问题。此外，一些不法厂家在矿渣中掺其他混合材料，由于现阶段缺乏高精度的混合材掺量测试方法，无法对矿渣掺其他材料做出定性定量分析，造成安全隐患。另外，有个别生产厂家为追求过高的利益，使用不符合相关标准的原材料进行复掺后，多以"磨灰"的名义进行销售和使用，给混凝土质量带来不可控的风险。

（2）部分冶金渣可以作为掺合料，但无对应的国家或行业标准，难以指导冶金渣的科学合理利用

冶金渣指冶金企业冶炼钢铁过程中所产生的从矿石原料或半成品冶炼过程中提取出目的金属后产生的固体废弃物。部分冶金渣含有重金属元素，在使用的过程中，有害成分会在雨水的冲淋下渗入地下造成土壤污染及地下水污染；除此之外，部分冶金渣还含有游离氧化钙（f-CaO）和游离氧化镁（f-MgO）遇水体积膨胀，在使用时造成建筑物、制品、道路开裂等缺陷。因此，亟须制定科学合理的标准加以指导。

（3）天然岩石粉可以作为掺合料，但大部分缺乏相应标准规范

由于河砂资源日趋匮乏，很多地区不得不采用机制砂生产混凝土，机制砂在生产加工过程中会产生 15%～20% 的岩石粉，而现行规范对机制砂石粉含量有严格的限制，多余部分的石灰石粉等天然岩石粉往往通过湿法水洗，或者干法风选分离出来，分离出来的岩石粉没有合适的用途，大多数情况下都是堆积废弃，对环境污染巨大。然而，目前仅石灰石

粉有相关标准规范，而玄武岩石粉、花岗岩石粉等尚无相应国家标准及行业标准。

（4）低温硫酸盐环境中不当使用石灰石粉，造成安全隐患

在低温和存在碳酸盐条件下，SO_4^{2-} 侵入后，可能与水化产物 C-S-H 凝胶、Ca^{2+}、CO_3^{2-} 在溶液中发生严重的"碳硫硅钙石"腐蚀。因此，在低温、潮湿的硫酸盐环境中，应慎重使用或控制石灰石粉掺量。

2. 案例

工程概况：湖北黄石某工程，混凝土浇筑 2～3h 后，发生膨胀，有气泡产生，但氨味并不明显。现场情况见图 2-1。

原因分析：该工程存在使用脱硝粉煤灰的情况。当脱硝粉煤灰用于混凝土中会产生氨气，造成混凝土体积膨胀，并产生一定氨味。当氨味不严重时，可能在暴露的大空间环境中不容易被发现。一旦发现，应立即检查原材料，并替换成合格原材料。

图 2-1 脱硝粉煤灰现场使用情况

2.3 骨料

当前我国大力推进城镇化和基础设施建设，建筑工程需求量持续增加，同时由于生态环境保护要求以及优质天然资源逐渐短缺等原因造成了骨料供需失衡、价格高涨问题，已引起了国家和社会各界的广泛关注。近期，国家多部委和部门联合密集发文，推进砂石骨料行业高质量和健康有序发展，2019 年 11 月，《十部门关于推进机制砂石行业高质量发展的若干意见》出台，文件要求大幅度提升高品质骨料的产品比例；2020 年 4 月，国家发展和改革委等 15 个部门和单位联合印发了《关于促进砂石行业健康有序发展的指导意见》中也强调加快形成机制砂石优质产能，同时要求建立健全砂石工业标准体系，提升质量管控水平和力度。砂石行业正面临转型升级的关键时刻，机制砂石大规模推广应用，砂石骨料品质提升成为行业高质量发展的核心竞争力，对我国混凝土产业和结构工程质量具有战略意义。因此，正确理解骨料产品标准并合理选用是推进高性能混凝土应用的关键环节之一。

2.3.1 相关标准

GB 6566—2010 建筑材料放射性核素限量

GB/T 14684—2011 建设用砂

GB/T 14685—2011 建设用卵石、碎石

GB/T 17431.1—2010 轻集料及其试验方法　第 1 部分：轻集料

GB/T 25176—2010 混凝土和砂浆用再生细骨料

GB/T 25177—2010 混凝土用再生粗骨料

JGJ 52—2006 普通混凝土用砂、石质量及检验方法标准

JGJ 206—2010 海砂混凝土应用技术规范

JG/T 568—2019 高性能混凝土用骨料

2.3.2　要求

《混凝土质量控制标准》GB 50164—2011 规定了混凝土用骨料应符合现行行业标准《普通混凝土用砂、石质量及检验方法标准》JGJ 52 的规定。当采用海砂作为混凝土细骨料时，应符合现行行业标准《海砂混凝土应用技术规范》JGJ 206 的规定。其中，粗骨料质量主要控制项目包括颗粒级配、针片状颗粒含量、含泥量、泥块含量、压碎值指标和坚固性，用于高强混凝土的粗骨料主要控制项目还应包括岩石抗压强度；细骨料质量主要控制项目应包括颗粒级配、细度模数、含泥量、泥块含量、坚固性、氯离子含量和有害物质含量；海砂主要控制项目除应包括上述指标外尚应包括贝壳含量；人工砂主要控制项目除应包括上述指标外尚应包括石粉含量和压碎值指标。

《混凝土结构工程施工规范》GB 50666—2011 中规定：①混凝土结构工程所用的粗骨料，应选用粒形良好、质地坚硬的洁净碎石、碎卵石或卵石。粗骨料最大公称粒径不得大于构件截面最小尺寸的 1/4，且不得大于钢筋最小净间距的 3/4；对混凝土实心板，骨料的最大公称粒径不宜大于板厚的 1/3，且不得超过 40mm。粗骨料的含泥量和泥块含量应符合相关标准的规定。②混凝土结构工程所用的细骨料应选用级配良好、质地坚硬、颗粒洁净的天然砂或机制砂。细骨料宜选用 Ⅱ 区中砂。当选用 Ⅰ 区砂时，应提高砂率，并应保持足够的胶凝材料用量，满足混凝土的工作性；当采用 Ⅲ 区砂时，宜适当降低砂率。细骨料中氯离子含量应符合《混凝土结构工程施工规范》GB 50666—2011 的强制性条文：对于钢筋混凝土用砂，其氯离子含量按干砂的质量百分率计算不得大于 0.06%；对于预应力混凝土用砂，其氯离子含量按干砂的质量百分率计算不得大于 0.02%。混凝土强度等级越高，其所用粗骨料粒径应越小，较小的粗骨料，其内部的缺陷在加工过程中会得到很大程度的消除。因此，《混凝土结构工程施工规范》GB 50666—2011 中规定：对于强度等级为 C60 及以上的混凝土，其所用粗骨料的最大公称粒径不宜大于 25mm，针片状颗粒含量不应大于 8.0%，含泥量不应大于 0.5%，泥块含量不宜大于 0.2%；所用细骨料细度模数宜控制为 2.6~3.0，含泥量不应大于 2.0%，泥块含量不应大于 0.5%。对于有抗渗、抗冻融或其他特殊要求的混凝土，宜选用连续级配的粗骨料，最大公称粒径不宜大于 40mm，含泥量不得大于 1.0%，泥块含量不得大于 0.5%；所用细骨料含泥量不得大于 3.0%，泥块含量不得大于 1.0%。

此外，《混凝土结构工程施工质量验收规范》GB 50204—2015 中规定：粗、细骨料应符合现行行业标准《普通混凝土用砂、石质量及检验方法标准》JGJ 52 的相关规定，使用经净化处理的海砂应符合现行行业标准《海砂混凝土应用技术规范》JGJ 206 的规定，再生混凝土骨料应符合现行国家标准《混凝土用再生粗骨料》GB/T 25177 和《混凝土和砂

浆用再生细骨料》GB/T 25176 的规定。

由此可见，混凝土质量控制、施工及验收各环节均对骨料提出要求。

值得注意的是，全文强制国家标准《混凝土结构通用规范》GB 55008—2021 自 2022 年 4 月 1 日起实施，此规范为强制性工程建设规范，全部条文必须严格执行，现行工程建设标准相关强制性条文同时废止。现行工程建设标准中有关规定与本规范不一致的，以本规范的规定为准。其中关于骨料的规定如下：

结构混凝土用砂应符合下列规定：

（1）砂的坚固性指标不应大于 10％；对于有抗渗、抗冻、抗腐蚀、耐磨或其他特殊要求的混凝土，砂的含泥量和泥块含量分别不应大于 3.0％和 1.0％，坚固性指标不应大于 8％；高强混凝土用砂的含泥量和泥块含量分别不应大于 2.0％和 0.5％；机制砂应按石粉的亚甲蓝值指标和石粉的流动度比指标控制石粉含量。

（2）混凝土结构用海砂必须经过净化处理。

（3）钢筋混凝土用砂的氯离子含量不应大于 0.03％，预应力混凝土用砂的氯离子含量不应大于 0.01％。

结构混凝土用粗骨料的坚固性指标不应大于 12％；对于有抗渗、抗冻、抗腐蚀、耐磨或其他特殊要求的混凝土，粗骨料中含泥量和泥块含量分别不应大于 1.0％和 0.5％，坚固性指标不应大于 8％；高强混凝土用粗骨料的含泥量和泥块含量分别不应大于 0.5％和 0.2％。

该全文强制标准还规定：结构混凝土配合比设计应按照混凝土的力学性能、工作性能和耐久性要求确定各组成材料的种类、性能和用量要求。当混凝土用砂的氯离子含量大于 0.003％时，水泥的氯离子含量不应大于 0.025％，拌合用水的氯离子含量不应大于 250mg/L。

结构混凝土采用的骨料具有碱活性及潜在碱活性时，应采取措施抑制碱骨料反应，并应验证抑制措施的有效性。

1. 骨料的分类

骨料根据应用可分为普通混凝土用骨料、高性能混凝土用骨料和特种混凝土用骨料。结构工程中用量最大的普通混凝土用骨料包括粗骨料和细骨料，粗骨料分卵石和碎石；细骨料包括天然河砂、淡化海砂和机制砂（人工砂）等。高性能混凝土用骨料指的是按照高性能混凝土要求的优质砂石原材料，与普通混凝土骨料主要是技术指标的区别。而特种混凝土用骨料中比较有代表性的是密度明显变化的轻骨料和重骨料两种，相对于密度在 2500～2700kg/m³ 之间的普通骨料，轻骨料指的是密度在 0～1000kg/m³ 之间的骨料，如陶粒、煅烧页岩、膨胀蛭石、膨胀珍珠岩、泡沫塑料颗粒等，而重骨料指的是密度在 3500～4000kg/m³ 之间的骨料，如铁矿石、重晶石等。

此外，我国每年产生大量拆除和装修类建筑垃圾，而资源化利用不足 40％，无序堆放占用土地、影响水体，严重影响了城乡人居环境和城市高质量发展。随着建筑垃圾再生骨料及再生混凝土材料研究的不断深入，再生骨料也逐渐成为普通混凝土用骨料的重要品种和有益补充。

2. 骨料的技术要求

（1）普通混凝土用骨料

《普通混凝土用砂、石质量及检验方法标准》JGJ 52—2006（注：《普通混凝土用砂、石质量及检验方法标准》修订已报批，尚未发布）规定了普通混凝土用砂、石的质量，该标准适用于一般工业与民用建筑和构筑物中普通混凝土用砂的质量要求和检验，本指南重点介绍此标准的技术要求。

1）细骨料

① 砂颗粒级配应符合表 2-37 的规定。

砂颗粒级配　　　　　　　　　　　　　　　　　　　表 2-37

方孔筛筛孔边长	累计筛余（%）		
	Ⅰ区	Ⅱ区	Ⅲ区
4.75mm	10～0	10～0	10～0
2.35mm	35～5	25～0	15～0
1.18mm	65～35	50～10	25～0
500μm	85～71	70～41	40～16
300μm	95～80	92～70	85～55
150μm	100～90	100～90	100～90

配制混凝土时宜优先选用Ⅱ区砂。当采用Ⅰ区砂时，应提高砂率，并保持足够的水泥用量，满足混凝土的和易性；当采用Ⅲ区砂时，宜适当降低砂率；当采用特细砂时，应符合相应的规定。配制泵送混凝土，宜选用中砂。

② 细骨料的含泥量、含泥块量和石粉含量技术要求应符合表 2-38 的规定。

细骨料含泥量、含泥块量和石粉含量技术要求　　　　表 2-38

混凝土强度等级		≥C60	C55～C30	≤C25
含泥量（按质量计，%）		≤2.0	≤3.0	≤5.0
含泥块量（按质量计，%）		≤0.5	≤1.0	≤2.0
石粉含量（%）	MB<1.4（合格）	≤5.0	≤7.0	≤10.0
	MB≥1.4（不合格）	≤2.0	≤3.0	≤5.0

对有抗冻、抗渗或其他特殊要求的强度小于或等于 C25 的混凝土用砂，含泥量不应大于 3.0%，泥块含量不应大于 1.0%。

③ 细骨料的其他技术要求应符合表 2-39 的规定。

细骨料其他技术要求　　　　　　　　　　　　　　　表 2-39

项目		质量指标
坚固性指标（饱和硫酸钠溶液中质量损失，%）	在严寒及寒冷地区室外使用并经常处于潮湿或干湿交替状态下的混凝土；对于有抗疲劳、耐磨、抗冲击要求的混凝土有腐蚀介质作用或经常处于水位变化区的地下结构混凝土	≤8
	其他条件下使用的混凝土	≤10
云母含量（按质量计，%）		≤2.0
轻物质含量（按质量计，%）		≤1.0
硫化物及硫酸盐含量（折算成 SO_3 按质量计，%）		≤1.0
有机物含量（用比色法试验，%）		颜色不应深于标准色，当颜色深于标准色时，应按水泥胶砂强度试验方法进行强度对比试验，抗压强度比不应低于 0.95

续表

项目		质量指标
氯离子含量（以干砂质量计，%）	钢筋混凝土用砂	0.06
	预应力混凝土用砂	0.02

注：自2022年4月1日起，细骨料的氯离子含量必须满足全文强制国家标准《混凝土结构通用规范》GB 55008—2021的规定。

对于有抗冻、抗渗要求的混凝土，砂中云母含量不应大于1.0%。当砂中含有颗粒状的硫酸盐或硫化物杂质时，应进行专门检验，确认能满足混凝土耐久性要求后，方能采用。

④ 对于长期处于潮湿环境的重要混凝土结构用砂，应采用砂浆棒（快速法）或砂浆长度法进行骨料的碱活性检验。经上述检验判断为有潜在危害时，应控制混凝土中的碱活性检验。经上述检验判断为有潜在危害时，应控制混凝土中的碱含量不超过3kg/m³，或采用能抑制碱-骨料反应的有效措施。

⑤ 海砂中贝壳的最大尺寸不应超过4.75mm。

《海砂混凝土应用技术规范》JGJ 206—2010 中规定海砂中贝壳含量应符合表2-40的规定。

贝壳含量　　　表 2-40

混凝土强度等级	≥C60	C40～C55	C35～C30	C25～C15
贝壳含量（按质量计，%）	≤3	≤5	≤8	≤10

对于有抗冻、抗渗或其他特殊要求的强度等级不大于C25的混凝土用砂，贝壳含量不应大于8%。

2）粗骨料

① 卵石、碎石的颗粒级配应符合表2-41的规定。

卵石、碎石的颗粒级配　　　表 2-41

公称粒级（mm）		累计筛余（%）											
		方孔筛（mm）											
		2.36	4.75	9.50	16.0	19.0	26.5	31.5	37.5	53.0	63.0	75.0	90
连续粒级	5～10	95～100	80～100	0～15	0								
	5～16	95～100	85～100	30～60	0～10	0							
	5～20	95～100	90～100	40～80	—	0～10	0						
	5～25	95～100	90～100	—	30～70	—	0～5	0					
	5～31.5	95～100	90～100	70～90	—	15～45	—	0～5	0				
	5～40	—	95～100	70～90	—	30～65	—	—	0～5	0			
单粒级	10～20	—	95～100	85～100	—	0～15	0						
	16～31.5	—	95～100	—	85～100	—	—	0～10	0				
	20～40	—	—	95～100	80～100	—	—	0～10	0				
	31.5～63	—	—	—	95～100	—	75～100	45～75	—	0～10	0		
	40～80	—	—	—	—	95～100	—	—	70～100	—	30～60	0～10	0

② 碎石或卵石中针、片状颗粒含量、含泥量和泥块含量应符合表2-42的规定。

碎石或卵石中针片状颗粒含量、含泥量和泥块含量			表 2-42
混凝土强度等级	≥C60	C55～C30	≤C25
针、片状颗粒含量（按质量计，%）	≤8	≤15	≤25
含泥量（按质量计，%）	≤0.5	≤1.0	≤2.0
泥块含量（按质量计，%）	≤0.2	≤0.5	≤0.7

对于有抗冻、抗渗或其他特殊要求的混凝土，其所用碎石或卵石的含泥量不应大于1.0%。

对于有抗冻、抗渗和其他特殊要求的强度等级小于 C30 的混凝土，其所用碎石或卵石的泥块含量不应大于 0.5%。

③ 碎石的强度可用岩石的抗压强度和压碎值指标表示。岩石的抗压强度应比所配制的混凝土强度至少高 20%。当混凝土强度等级大于或等于 C60 时，应进行岩石抗压强度检验，岩石强度首先应由生产单位提供，工程中可采用压碎值指标进行质量控制。卵石的强度用压碎值指标表示。压碎值指标宜按表 2-43 的规定采用。当高强或超高强大流动性混凝土用粗骨料未满足岩石的抗压强度应比所配制的混凝土强度至少高 20% 时，如果岩石抗压强度高于 90MPa，试验证明可以满足强度要求，需经过专题技术论证。

压碎指标值		C60～C40	≤C35
碎石压碎指标（%）	沉积岩	≤10	≤16
	变质岩或深成的火成岩	≤12	≤20
	喷出的火成岩	≤13	≤30
卵石压碎指标值（%）		≤12	≤16

沉积岩包括石灰岩、砂岩等。变质岩包括片麻岩、石英岩等。深成的火成岩包括花岗岩、正长岩、闪长岩和橄榄岩等。喷出的火成岩包括玄武岩和辉绿岩等。

④ 碎石或卵石中的硫化物和硫酸盐含量，以及卵石中有机物等有害物质含量应符合表 2-44 的规定。

粗骨料其他技术要求		表 2-44
项目		质量要求
坚固性指标（饱和硫酸钠溶液中质量损失，%）	在严寒及寒冷地区室外使用，并经常处于潮湿或干湿交替状态下的混凝土；有腐蚀性介质作用或经常处于水位变化区的地下结构或有抗疲劳、耐磨、抗冲击等要求的混凝土	≤8
	在其他条件下使用的混凝土	≤10
硫化物及硫酸盐含量（折算成 SO_3，按质量计，%）		≤1.0
有机物含量（用比色法试验）		颜色应不深于标准色。当颜色深于标准色时，应按水泥胶砂强度试验方法进行强度对比试验，抗压强度比不应低于 0.95

当碎石或卵石中含有颗粒状硫酸盐或硫化物杂质时，应进行专门检验，确认能满足混凝土耐久性要求后，方可采用。

⑤ 对于长期处于潮湿环境的重要结构混凝土，其所使用的碎石或卵石应进行碱活性检验。

进行碱活性检验时，首先应采用岩相法检验碱活性骨料的品种、类型和数量。当检验出骨料中含有活性二氧化硅时，应采用快速砂浆法和砂浆长度法进行碱活性检验；当检验出骨料中含有活性炭酸盐时，应采用岩石柱法进行碱活性检验。

经上述检验，当判定骨料存在潜在碱-碳酸盐反应危害时，不宜用作混凝土骨料，否则，应通过专门的混凝土试验，做最后评定。

当判定骨料存在潜在碱-硅反应危害时，应控制混凝土中的碱含量不超过 $3kg/m^3$，或采用能抑制碱-骨料反应的有效措施。

（2）高性能混凝土用骨料

《高性能混凝土用骨料》JG/T 568—2019 提出了高性能混凝土用骨料的技术要求，与普通混凝土用骨料相比，还提出了如下要求：

1）用细骨料的分计筛余要求取代以往的累计筛余要求。机制砂普遍存在"两头多、中间少"的现象。《建设用砂》GB/T 14684—2011 通过累计筛余来表征机制砂颗粒级配：累计筛余弱化了机制砂级配不良（单粒径缺失）的现象，累计筛余不能评价机制砂是否存在两头多、中间少的现象。采用分级筛余能够控制细骨料各个粒径的级配范围，从而能够更好地表征细骨料的级配性能。

细骨料颗粒级配应符合表 2-45 的规定，且细度模数应为 2.3～3.2。细骨料颗粒级配允许一个粒级（不含 4.75mm 和筛底）的分计筛余可以略有超出，但不应大于 5％。当石粉亚甲蓝值 $MB_F>6.0$ 时，人工砂 0.15mm 和筛底的分计筛余之和不宜大于 25％。

细骨料颗粒级配							表 2-45
方孔筛尺寸（mm）	4.75	2.36	1.18	0.60	0.30	0.15	筛底
人工砂分级筛余（％）	0～5	10～15	10～25	20～31	20～30	5～15	0～20
天然砂分级筛余（％）	0～10	10～15	10～25	20～31	20～30	5～15	0～10

2）提出了石粉的 MB 值的定义及试验方法。机制砂 MB 值由机制砂的石粉含量和石粉的黏土质含量决定，控制机制砂 MB 值难以指导生产机制砂如何控制石粉含量。石粉 MB 值则可间接反映石粉的黏土质含量，以及石粉对水和外加剂的吸附。

3）提出了石粉流动度比的定义及试验方法。通过石粉的流动度比可直接判断石粉对外加剂的吸附性。

4）提出了以石粉亚甲蓝值、流动度比范围为前提的人工砂石粉含量要求。

① 当石粉亚甲蓝值 $MB_F>6.0$ 时，石粉含量（按质量计）不应超过 3.0％；

② 当石粉亚甲蓝值 $MB_F>4.0$，且石粉流动度比 $F_F<100％$ 时，石粉含量（按质量计）不应超过 5.0％；

③ 当石粉亚甲蓝值 $MB_F>4.0$，且石粉流动度比 $F_F\geq100％$ 时，石粉含量（按质量计）不应超过 7％；

④ 当石粉亚甲蓝值 $MB_F\leq4.0$，且石粉流动度比 $F_F\geq100％$ 时，石粉含量（按质量计）不应超过 10％；

⑤ 当石粉亚甲蓝值 $MB_F\leq2.5$ 或石粉流动度比 $F_F\geq110％$ 时，根据使用环境和用途，

并经试验验证，供需双方协商可适当放宽石粉含量（按质量计），但不应超过 15%。

5）提出了人工砂需水量比的定义及试验方法。人工砂与 ISO 连续级配标准砂在规定水泥胶砂流动度偏差下的用水量之比，可快速、综合判定人工砂级配、粒形、吸水率和石粉吸附性能的指标。

6）提出了条形孔筛方法检测机制砂片状颗粒含量和粗骨料不规则颗粒含量，可以有效指导机制骨料粒形的控制。

（3）轻骨料

《轻集料及其试验方法　第 1 部分：轻集料》GB/T 17431.1—2010 规定了轻集料的术语和定义、分类、要求、试验方法、检验规则和产品合格证、堆放和运输等。本部分适用于混凝土用的轻集料，主要包括人造轻集料、天然轻集料、工业废渣轻集料。其他类别和用途的轻集料也可参照使用。值得一提的是，集料又称骨料，目前在公路工程相关标准中多称"集料"，而建筑工程相关标准中多称"骨料"。《轻集料及其试验方法　第 1 部分：轻集料》GB/T 17431.1—2010 由于发布实施年代较早，当时仍称为"集料"，因此，本小节中仍维持标准中的写法，写作"集料"。

① 各种轻粗集料和轻细集料的颗粒级配应符合表 2-46 的要求，但人造轻粗集料的最大粒径不宜大于 19.0mm。轻细集料的细度模数宜在 2.3～4.0 范围内。

轻粗集料和轻细集料颗粒级配要求　　　　　　　　　　　　　表 2-46

轻集料	级配类别	公称粒级(mm)	各号筛的累计筛余（按质量计,%）											
			方孔筛孔径											
			37.5mm	31.5mm	26.5mm	19.0mm	16.0mm	9.50mm	4.75mm	2.36mm	1.18mm	600μm	300μm	150μm
细集料	—	0～5	—	—	—	—	—	0	0～10	0～35	20～60	30～80	65～90	75～100
粗集料	连续粒级	5～40	0～10	—	—	—	40～60	50～85	90～100	95～100	—	—	—	—
		5～31.5	0～5	0～10	—	—	40～75	—	90～100	95～100	—	—	—	—
		5～25	—	0～5	0～10	—	30～70	—	90～100	95～100	—	—	—	—
		5～20	—	0～5	—	0～10	—	40～80	90～100	95～100	—	—	—	—
		5～16	—	—	0	0～5	0～10	20～60	85～100	95～100	—	—	—	—
		5～10	—	—	—	—	0	0～15	80～100	95～100	—	—	—	—
	单粒级	10～16	—	—	—	—	0～15	85～100	90～100	—	—	—	—	—

各种粗细混合轻集料，宜满足下列要求：

2.36mm 筛上累计筛余为 60%±2%；筛除 2.36mm 以下颗粒后，2.36mm 筛上的颗粒级配满足表 2-44 中公称粒级 5～10mm 的颗粒级配的要求。

② 轻集料密度等级按堆积密度划分，并应符合表 2-47 的规定。

轻集料密度等级 表 2-47

轻集料种类	密度等级		堆积密度范围（kg/m³）
	轻粗集料	轻细集料	
人造轻集料 天然轻集料 工业废渣轻集料	200	—	>100，≤200
	300	—	>200，≤300
	400	—	>300，≤400
	500	500	>400，≤500
	600	600	>500，≤600
	700	700	>600，≤700
	800	800	>700，≤800
	900	900	>800，≤900
	1000	1000	>900，≤1000
	1100	1100	>1000，≤1100
	1200	1200	>1100，≤1200

③ 不同密度等级的轻粗集料的筒压强度应不低于表 2-48 的规定。

轻粗集料筒压强度 表 2-48

轻粗集料种类	密度等级	筒压强度（MPa）
人造轻集料	200	0.2
	300	0.5
	400	1.0
	500	1.5
	600	2.0
	700	3.0
	800	4.0
	900	5.0
天然轻集料 工业废渣轻集料	600	0.8
	700	1.0
	800	1.2
	900	1.5
	1000	1.5
工业废渣轻集料中的 自燃煤矸石	900	3.0
	1000	3.5
	1100~1200	4.0

④ 不同密度等级高强轻粗集料的筒压强度和强度标号不应低于表 2-49 的规定。

高强轻粗集料的筒压强度和强度标号 表 2-49

轻粗集料种类	密度等级	筒压强度（MPa）	强度标号
人造轻集料	600	4.0	25
	700	5.0	30
	800	6.0	35
	900	6.5	40

⑤ 不同密度等级粗集料的吸水率不应大于表 2-50 的规定。

轻粗集料的吸水率　　　　　　　　　表 2-50

轻粗集料种类	密度等级	1h 吸水率（%）
人造轻集料 工业废渣轻集料	200	30
	300	25
	400	20
	500	15
	600～1200	10
人造轻集料中的粉煤灰陶粒[a]	600～900	20
天然轻集料	600～1200	—

注：a 系指采用烧结工艺生产的粉煤灰陶粒。

人造轻粗集料和工业废料轻粗集料的软化系数不应小于 0.8；天然轻粗集料的软化系数不应小于 0.7。轻细集料的吸水率和软化系数不作规定，报告实测试验结果。

⑥ 不同粒型轻粗集料的粒型系数应符合表 2-51 的规定。

轻粗集料的粒型系数　　　　　　　　　表 2-51

轻粗集料种类	平均粒型系数
人造轻集料	≤2.0
天然轻集料 工业废渣轻集料	不作规定

⑦ 轻集料中有害物质应符合表 2-52 的规定。

轻集料有害物质规定　　　　　　　　　表 2-52

项目名称	技术指标
含泥量（%）	≤3.0
	结构混凝土用轻集料≤2.0
泥块含量（%）	≤1.0
	结构混凝土用轻集料≤0.5
煮沸质量损失（%）	≤5.0
烧失量（%）	≤5.0
	天然轻集料不作规定，用于无筋混凝土的煤渣允许≤18
硫化物和硫酸盐含量（按 SO_3 计，%）	≤1.0
	用于无筋混凝土的自燃煤矸石允许含量≤1.5
有机物含量（%）	不深于标准色；如深于标准色，按 GB/T 17431.2—2010 中第 18.6.3 条的规定操作，且试验结果不低于 95%
氯化物（以氯离子含量计，含量%）	≤0.02
放射性	符合 GB 6566 的规定

（4）再生骨料

1）再生细骨料

《混凝土和砂浆用再生细骨料》GB/T 25176—2010 规定了混凝土和砂浆用再生细骨料的术语和定义、分类和规格、要求、试验方法、检验规则、标志、储存和运输。本标准适用于配制混凝土和砂浆的再生细骨料。

① 再生细骨料的颗粒级配应符合表 2-53 的规定。

再生细骨料颗粒级配 　　　　表 2-53

方孔筛筛孔边长	累计筛余（%）		
	1 级配区	2 级配区	3 级配区
9.50mm	0	0	0
4.75mm	10～0	10～0	10～0
2.36mm	35～5	25～0	15～0
1.18mm	65～35	50～10	25～0
600μm	85～71	70～41	40～16
300μm	95～80	92～70	85～55
150μm	100～85	100～80	100～75

注：再生细骨料的实际颗粒级配与表中所列数字相比，除 4.75mm 和 600μm 筛档外，可以略有超出，但是超出总量应小于 5%。

② 再生细骨料的技术要求应符合表 2-54 的规定。

再生细骨料技术要求 　　　　表 2-54

项目		Ⅰ类	Ⅱ类	Ⅲ类
微粉含量（按质量计,%）	MB 值<1.40 或合格	<5.0	<7.0	<10.0
	MB 值≥1.40 或不合格	<1.0	<3.0	<5.0
泥块含量（按质量计,%）		<1.0	<2.0	<3.0
坚固性指标（饱和硫酸钠溶液中质量损失,%）		<8.0	<10.0	<12.0
单级最大压碎指标值（%）		<20	<25	<30
表观密度（kg/m³）		≥2450	≥2350	≥2250
堆积密度（kg/m³）		≥1350	≥1300	≥1200
空隙率（%）		<46	<48	<52
云母含量（按质量计,%）		<2.0		
轻物质含量（按质量计,%）		<1.0		
有机物含量（比色法）		合格		
硫化物及硫酸盐含量（按 SO₃ 质量计,%）		<2.0		
氯化物含量（以氯离子质量计,%）		<0.06		

③ 再生胶砂需水量比、强度比应符合表 2-55 的规定。

再生胶砂需水量比、强度比 　　　　表 2-55

项目	Ⅰ类			Ⅱ类			Ⅲ类		
	细	中	粗	细	中	粗	细	中	粗
需水量比	<1.35	<1.30	<1.20	<1.55	<1.45	<1.35	<1.80	<1.70	<1.50
强度比	>0.80	>0.90	>1.00	>0.70	>0.85	>0.95	>0.60	>0.75	>0.90

④ 碱骨料反应

经碱骨料反应试验后，由再生细骨料制备的试件应无裂缝、酥裂或胶体外溢等现象，膨胀率应小于 0.10%。

2）再生粗骨料

《混凝土用再生粗骨料》GB/T 25177—2010 规定了混凝土用再生粗骨料的术语和定

义、分类和规格、要求、试验方法、检验规则、标志、储存和运输。本标准适用于配制混凝土的再生粗骨料。

① 再生粗骨料的颗粒级配应符合表 2-56 的规定。

再生粗骨料的颗粒级配　　　　　　　　　　　表 2-56

公称粒径（mm）		累计筛余（%）							
		方孔筛筛孔边长（mm）							
		2.36	4.75	9.50	16.0	19.0	26.5	31.5	37.5
连续粒级	5～16	95～100	85～100	30～60	0～10	0			
	5～20	95～100	90～100	40～80	—	0～10	0		
	5～25	95～100	90～100	—	30～70	—	0～5	0	
	5～31.5	95～100	90～100	70～90	—	15～45	—	0～5	0
单粒级	5～10	95～100	80～100	0～15	0				
	10～20		95～100	85～100		0～15	0		
	16～31.5			95～100	85～100			0～10	0

② 再生粗骨料的技术要求应符合表 2-57 的规定。

再生粗骨料技术要求　　　　　　　　　　　表 2-57

项目	Ⅰ类	Ⅱ类	Ⅲ类
微粉含量（按质量计，%）	<1.0	<2.0	<3.0
泥块含量（按质量计，%）	<0.5	<0.7	<1.0
吸水率（按质量计，%）	<3.0	<5.0	<8.0
压碎指标（%）	<12	<20	<30
坚固性指标（饱和硫酸钠溶液中质量损失，%）	<5.0	<10.0	<15.0
表观密度（kg/m³）	>2450	>2350	>2250
空隙率（%）	<47	<50	<53
针片状颗粒（按质量计，%）		<10	
有机物		合格	
硫化物及硫酸盐（按 SO_3 质量计，%）		<2.0	
氯化物（以氯离子质量计，%）		<0.06	
杂物（按质量计，%）		<1.0	

③ 碱骨料反应

经碱骨料反应试验后，由再生粗骨料制备的试件应无裂缝、酥裂或胶体外溢等现象，膨胀率应小于 0.10%。

2.3.3　常见问题及原因

1. 常见问题及原因

（1）机制砂的质量问题

机制砂的品质受原材料（母岩）性质、生产设备和工艺等因素的影响，在级配、粒形等方面存在较大的差别，应避免风化、软弱砂的应用。例如：2013 年曝光的山东潍坊某工程，采购了当地麻刚砂，这种麻刚石风化形成的天然山砂或是风化麻刚石经人工简单破碎制成的机制砂，对混凝土强度有非常不利的影响。

此外，粒形和级配的影响也很明显，高品质的机制砂在混凝土应用时需水量小，和易性好。但是在部分地区把碎石生产过程中产生的下脚料——石屑也当作"机制砂"用。石屑往往级配不合格，中间颗粒少，两头颗粒多，细度模数偏大；同时粒形差，多棱角，容易造成混凝土胶凝材料用量和外加剂用量偏大。

（2）机制砂的石粉含量问题

在生产机制砂的过程中不可避免地产生粒径小于 $75\mu m$ 的颗粒，这些微细颗粒既可能是石粉也可能是泥粉。由于石粉和泥粉是两种截然不同的物质，二者的结构完全不同，石粉结构密实，对水仅存在表面物理吸附，而泥粉是类似于海绵的层状松散结构，吸水率较高，吸附水后通常会发生膨胀，进而影响混凝土强度和耐久性；再者泥粉的主要成分蒙脱石、伊利土和高岭土等对外加剂有强烈的吸附作用，石粉通常是机制砂生产过程中形成的细小颗粒，与母岩化学性质一致，对外加剂吸附较低。因此二者存在本质的区别，对混凝土产生的影响也大相径庭。

石粉在一定程度上可以看作是一种惰性矿物掺合料，可以起到调整胶凝材料级配，尤其是在水泥细度较细的情况下补充胶凝材料中缺少的 $45\sim75\mu m$ 的颗粒，改善胶凝材料体积的空隙率。在商品混凝土生产过程中应根据混凝土强度等级的变化选择合适石粉含量的机制砂，石粉含量太少起不到增加浆体体积、改善工作性、降低混凝土泌水和离析的目的。石粉含量也不宜过高，过高会造成需水量增加，混凝土工作性下降。从生产工艺角度来看，干法制砂要根据母岩岩性和机制砂用途控制石粉含量，而湿法制砂要进行必要的细砂回收，避免水洗砂整体级配偏粗、混凝土离析泌水。

（3）海砂应用问题

我国东南沿海地区，人口稠密，经济发达，工程建设量大，当河砂资源出现供给不足时，又没有其他砂源替代（内陆地区可以使用山砂或机制砂等替代），远距离运输河砂又会大大提高工程造价。海砂较河（江）砂相比的缺点是氯盐、贝壳等有害物质含量较高。未经净化的海砂由于含氯盐成分较高，容易引发混凝土中钢筋锈蚀；贝壳含量较高，会使混凝土的和易性变差，对混凝土的强度也有一定的影响，如果将未经净化的海砂应用于建筑工程中，将会给建筑工程质量埋下严重隐患。其中最严重的后果之一就是海砂中的氯离子会诱发钢筋锈蚀，从而导致钢筋混凝土结构的劣化和失效。

实际上，净化后的海砂具有其独特的优点：含泥量低、粒形优良、细度均匀。已有研究表明，应用合格的净化海砂可以配出性能良好的混凝土，满足工程要求。因此，海砂应用时应当进行净化处理并按照标准进行检验，满足《海砂混凝土应用技术规范》JGJ 206—2010 的要求。自 2022 年 4 月 1 日起，细骨料的氯离子含量必须满足全文强制国家标准《混凝土结构通用规范》GB 55008—2021。

（4）钢渣骨料应用问题

钢渣骨料应用于混凝土中存在安定性不良的问题，从暴露出的工程问题来看，绝大多数是钢渣粗骨料混凝土使用半年到两年内，明显出现混凝土表面"爆裂"或开裂。这是由于钢渣骨料在混凝土中产生的膨胀应力是不均匀的，会在局部引起过大的膨胀应力，使混凝土的微结构发生损伤以致破坏。

钢渣骨料与钢渣粉不同之处在于，其安定性不良的组分（主要是游离 CaO）在钢渣骨料中的分布是不均匀的。若将钢渣磨细后进行安定性检测，并不能反映出钢渣骨料的个体安定性差异，而少量存在严重安定性问题的骨料就可能使硬化混凝土发生表面损伤或结构性破坏。现有试验方法中"压蒸粉化率"采用了加速实验条件，钢渣中的绝大部分游离 CaO 和 MgO 会发生反应，能够比较好地反应钢渣中安定性不良组分对钢渣颗粒的破坏作用。然而，压蒸粉化率的表征指标"粉化后小于 1.18mm 的颗粒所占的比率"并不能显示出有多少比例的钢渣颗粒会发生膨胀（或发生能够使混凝土产生裂缝的膨胀）。同时，钢渣骨料受钢铁生产工艺和钢渣堆场存放时间等因素的影响，以及实际操作中取样的代表性问题，使得钢渣骨料安定性的检测和控制较为困难，应尽量避免未经处理的钢渣骨料直接使用在混凝土中。

目前研究发现，与钢渣不同，高碳铬铁渣、电炉镍铁渣、硅锰渣与高钛重矿渣不存在安定性问题，可以适当作为骨料用于混凝土中，目前正在编制团体标准《冶炼废渣骨料应用技术规格》。

2. 案例

（1）砂质量不合格导致混凝土凝结异常

问题描述：某工厂的钢筋混凝土条形基础，使用强度设计等级 C30 的混凝土，混凝土浇筑后，第二天检查发现部分硬化结块，部分呈疏松状，未完全硬化，轻轻敲击纷纷落下，混凝土基本无强度，工程被迫停工，从混凝土的形态上可以看出，有部分砂粒表面无水泥浆，大部分砂粒间水泥浆较少。

原因分析：经调查，混凝土用砂含泥量超过标准 1 倍以上，导致泥粉总面积大幅度增加，需要更多的水泥浆包裹它们。首先，泥粉本身强度低，降低了混凝土的强度。其次，砂细度模数小，砂率偏高，在质量相同的情况下，表面积大大增加，需要更多的水泥浆包裹，而此工程混凝土配合比并没有充分考虑这种情况，水泥用量偏低，砂粒表面没有被包裹或包裹层太薄，这影响了混凝土的凝结和强度，最后，由于现场砂粒细、含泥量大，砂团不易分散，按常规搅拌时间，不能充分使水泥浆完全包裹砂粒导致混凝土拌合物不均匀。

解决对策：严格把控进场材料的质量，优化材料设计并与厂家沟通需要材料的品质，根据在场材料的质量及时调整施工情况并做好监督。

（2）骨料含有害杂质引发事故

问题描述：某厂一座四层钢筋混凝土框架结构厂房，梁、柱为现浇混凝土，该厂房工期为 10 个月，交付使用后 1 个月，在梁、柱等多处出现爆裂。半年后，混凝土柱基、大梁根部等处混凝土也陆续出现爆裂，并导致大梁折断。

原因分析：取裂缝处碎片进行 X 射线分析，发现其中晶体多为方镁石，并含有少量生石灰，裂缝是由于方镁石、生石灰水化膨胀造成。调查发现该厂为节约资金，使用工业废渣代替部分混凝土骨料，而废渣中混杂有游离 MgO 和游离 CaO，从而导致了事故的发生。

解决对策：选用质量符合规定的骨料，在材料进场、施工的过程中规范管理，加强施工监督。

2.4　外加剂

混凝土外加剂是混凝土中除胶凝材料、骨料、水和纤维组分以外，在混凝土拌制之前或拌制过程中加入的,用以改善新拌混凝土和(或)硬化混凝土性能,对人、生物及环境安全无有害影响的材料。外加剂已经成为配制混凝土不可或缺的第五组分(指除水泥、细骨料、粗骨料和水之外的第五组分。混凝土行业一般将掺合料称作混凝土的第六组分)。减水剂是最常用的外加剂,掺加一定量的减水剂可以使混凝土在保持相同工作性的情况下,减少一定的拌合水用量,降低水胶比,因而提高混凝土的强度,有利于改善混凝土的抗渗性,进而增强混凝土的耐久性。在外加剂发展历程中,除了减水剂技术不断进步外(减水剂产品相继出现普通减水剂、高效减水剂和高性能减水剂),一系列其他品种外加剂相继被开发成功并应用于混凝土的配制,比如:调整混凝土凝结时间、干预混凝土强度发展速率的缓凝剂、促凝剂和早强剂;能使混凝土在负温条件下凝结硬化并产生强度,以抵抗冻害的防冻剂;能使混凝土拌合过程中引入微小、封闭并稳定存在的气泡,改善混凝土拌合物和易性,并提高混凝土抗冻融破坏的引气剂;能提高混凝土抗渗等级的防水剂;能在混凝土硬化过程中,使混凝土产生一定的体积膨胀,以补偿混凝土收缩的膨胀剂;能使混凝土内部浆体液相表面张力降低,而减小混凝土收缩率的减缩剂;能改善混凝土抗化学腐蚀性的抗腐蚀剂;能改善钢筋混凝土中钢筋抗锈蚀性的阻锈剂等。这些外加剂的出现,从混凝土新拌、凝结、硬化和强度发展的不同阶段影响混凝土的性能,也从不同角度改善混凝土的性能,以满足混凝土工程的实际需要。

2.4.1　相关标准

GB 50119—2013 混凝土外加剂应用技术规范

GB/T 8075—2017 混凝土外加剂术语

GB 8076—2008 混凝土外加剂

GB/T 8077—2012 混凝土外加剂匀质性试验方法

GB 18588—2001 混凝土外加剂中释放氨的限量

GB/T 23439—2017 混凝土膨胀剂

GB 31040—2014 混凝土外加剂中残留甲醛的限量

GB/T 31296—2014 混凝土防腐阻锈剂

GB/T 33803—2017 钢筋混凝土阻锈剂耐蚀应用技术规范

GB/T 35159—2017 喷射混凝土用速凝剂

GB/T 37990—2019 水下不分散混凝土絮凝剂技术要求

JC/T 474—2008 砂浆、混凝土防水剂

JC 475—2004 混凝土防冻剂

JC/T 1011—2006 混凝土抗硫酸盐类侵蚀防腐剂

JC/T 1018—2020 水性渗透型无机防水剂

JC/T 1083—2008 水泥与减水剂相容性试验方法

JC/T 2031—2010 水泥砂浆防冻剂

JC/T 2163—2012 混凝土外加剂安全生产要求

JC/T 2361—2016 砂浆、混凝土减缩剂

JC/T 2389—2017 预拌砂浆用保水剂

JC/T 2477—2018 预制混凝土用外加剂

JC/T 2481—2018 混凝土坍落度保持剂

JC/T 2553—2019 混凝土抗侵蚀抑制剂

JG/T 223—2017 聚羧酸系高性能减水剂

JG/T 377—2012 混凝土防冻泵送剂

JT/T 537—2018 钢筋混凝土阻锈剂

JT/T 769—2009 公路工程 聚羧酸系高性能减水剂

JT/T 1088—2016 公路工程 喷射混凝土用无碱速凝剂

DL/T 5100—2014 水工混凝土外加剂技术规程

DL/T 5778—2018 水工混凝土用速凝剂技术规范

YB/T 9231—2009 钢筋阻锈剂应用技术规程

T/CBMF 19—2017 混凝土用氧化镁膨胀剂

T/CECS 540—2018 混凝土用氧化镁膨胀剂应用技术规程

T/CECS 10124—2021 混凝土早强剂

2.4.2　要求

《混凝土质量控制标准》GB 50164—2011 规定，外加剂应符合国家现行标准《混凝土外加剂》GB 8076、《混凝土防冻剂》JC 475 和《混凝土膨胀剂》GB/T 23439 的有关规定。

《混凝土结构工程施工规范》GB 50666—2011 附录 F 第 F.0.12 条提出了高性能减水剂、高效减水剂、普通减水剂、引气减水剂、泵送剂、早强剂、缓凝剂、引气剂的技术要求，与《混凝土外加剂》GB 8076—2018 相同。

《混凝土结构工程施工质量验收规范》GB 50204—2015 中规定了外加剂检验结果应符合现行国家标准《混凝土外加剂》GB 8076 和《混凝土外加剂应用技术规范》GB 50119 等的规定。

全文强制国家标准《混凝土结构通用规范》GB 55008—2021 规定结构混凝土用外加剂应符合下列规定：

（1）含有六价铬、亚硝酸盐和硫氰酸盐成分的混凝土外加剂，不应用于饮水工程中建成后与饮用水直接接触的混凝土。

（2）含有强电解质无机盐的早强型普通减水剂、早强剂、防冻剂和防水剂，严禁用于下列混凝土结构：

1）与镀锌钢材或铝材相接触部位的混凝土结构；

2）有外露钢筋、预埋件而无防护措施的混凝土结构；

3）使用直流电源的混凝土结构；

4）距离高压直流电源 100m 以内的混凝土结构。

（3）含有氯盐的早强型普通减水剂、早强剂、防水剂和氯盐类防冻剂，不应用于预应力混凝土、钢筋混凝土和钢纤维混凝土结构。

（4）含有硝酸铵、碳酸铵的早强型普通减水剂、早强剂和含有硝酸铵、碳酸铵、尿素的防冻剂，不应用于民用建筑工程。

（5）含有亚硝酸盐、碳酸盐的早强型普通减水剂、早强剂、防冻剂和含有硝酸盐的阻锈剂，不应用于预应力混凝土结构。

对于混凝土实际工程来说，选用合适的外加剂品种和确定合适的外加剂掺量非常重要。《混凝土外加剂应用技术规范》GB 50119—2013 明确规定：

1）外加剂种类应根据设计和施工要求及外加剂的主要作用选择。

2）当不同供方、不同品种的外加剂同时使用时，应经试验验证，并应确保混凝土性能满足设计要求和施工要求后再使用。

3）试配掺外加剂的混凝土应采用工程实际使用的原材料，检测项目应根据设计和施工要求确定，检测条件应与施工条件相同，当工程所用原材料或混凝土性能要求发生变化时，应重新试配。

4）外加剂掺量应以外加剂质量占混凝土中胶凝材料总质量的百分数表示。

5）外加剂掺量宜按供方的推荐掺量确定，应采用工程实际使用的原材料和配合比，经试验确定。当混凝土其他原材料或使用环境发生变化时，混凝土配合比、外加剂掺量可进行调整。

1. 外加剂的分类

混凝土外加剂的种类很多，分类方法多样。《混凝土外加剂术语》GB/T 8075—2017中按外加剂的主要使用功能分为：改善混凝土拌合物流变性能的外加剂；调节混凝土凝结时间、硬化过程的外加剂；改善混凝土耐久性的外加剂；改善混凝土其他性能的外加剂等，见表 2-58。

混凝土外加剂按照用途和性能进行的分类   表 2-58

外加剂种类	代号	主要功能
高性能减水剂	HPWR	改善混凝土拌合物流变性能的外加剂
高效减水剂	HWR	
普通减水剂	WR	
泵送剂	PA	
坍落度保持剂	SRA	
引气减水剂	AEWR	
缓凝剂	Re	调节混凝土凝结时间、硬化过程的外加剂
早强剂	Ac	
速凝剂	FSA	
引气剂	AE	改善混凝土耐久性的外加剂
混凝土防腐阻锈剂	ZX	
混凝土抗侵蚀抑制剂	—	
防水剂	—	
膨胀剂	EA	改善混凝土其他性能的外加剂
减缩剂	SRA	
防冻剂	—	
防冻泵送剂	—	
絮凝剂	—	

按照主要组分的性质，混凝土外加剂可分为：有机类外加剂；无机类外加剂；有机-无机复合类外加剂。

按照组分的多少，混凝土外加剂可分为：单一组分外加剂；复配外加剂。

按照是否以表面活性剂为主，混凝土外加剂可分为：表面活性剂类外加剂；非表面活性剂类外加剂。表面活性剂类外加剂包括减水剂、泵送剂、坍落度保持剂、引气剂、引气减水剂、消泡剂和减缩剂等。非表面活性剂类外加剂包括缓凝剂、早强剂、速凝剂、防冻剂和膨胀剂等。

2. 外加剂的技术要求

（1）改善混凝土拌合物流变性能的外加剂

主要包括减水剂、泵送剂、混凝土坍落度保持剂、引气剂和引气型减水剂等，现行国家标准、行业标准规定了此类外加剂的技术要求。

1）减水剂

《混凝土外加剂术语》GB/T 8075—2017 规定了混凝土减水剂的术语和定义。《混凝土外加剂》GB 8076—2008 规定了混凝土减水剂的性能指标、检验方法、检验规则和包装、标志、运输与贮存等。

① 术语和定义

普通减水剂是指在混凝土坍落度基本相同的条件下，减水率不小于 8% 的外加剂。包含标准型、缓凝型和早强型三种类型。

高效减水剂是指在混凝土坍落度基本相同的条件下，减水率不小于 14% 的外加剂。包含标准型、缓凝型两种类型。

高性能减水剂是指在混凝土坍落度基本相同的条件下，减水率不小于 25%，与高效减水剂相比，坍落度保持性好、干燥收缩小，且具有一定引气性能的外加剂。包含标准型、缓凝型、早强型和减缩型四种类型。

② 技术要求

混凝土减水剂的匀质性指标应符合表 2-59 的规定，技术性能指标应符合表 2-60 的规定。

混凝土减水剂的匀质性指标 表 2-59

项目	指标
氯离子含量（%）	不超过生产厂控制值
总碱量（%）	不超过生产厂控制值
含固量（%）	$S>25\%$ 时，应控制在 $0.95S\sim1.05S$； $S\leq25\%$ 时，应控制在 $0.90S\sim1.10S$
含水率（%）	$W>5\%$ 时，应控制在 $0.90W\sim1.10W$； $W\leq5\%$ 时，应控制在 $0.80W\sim1.20W$
密度（g/cm³）	$D>1.1$ 时，应控制在 $D\pm0.03$； $D\leq1.1$ 时，应控制在 $D\pm0.02$
细度	应在生产厂控制范围内
pH	应在生产厂控制范围内
硫酸钠含量（%）	不超过生产厂控制值

注：1. 生产厂应在相关的技术资料中明示产品匀质性指标的控制值；
    2. 对相同和不同批次之间的匀质性和等效性的其他要求，可由供需双方商定；
    3. 表中的 S、W 和 D 分别为含固量、含水率和密度的生产厂控制值。

受检混凝土技术性能指标 表 2-60

项目		减水剂种类							
		高性能减水剂			高效减水剂		普通减水剂		
		早强型	标准型	缓凝型	标准型	缓凝型	早强型	标准型	缓凝型
减水率（％）		≥25	≥25	≥25	≥14	≥14	≥8	≥8	≥8
泌水率比（％）		≤50	≤60	≤70	≤90	≤100	≤95	≤100	≤100
含气量（％）		≤6.0	≤6.0	≤6.0	≤3.0	≤4.5	≤4.0	≤4.0	≤5.5
凝结时间之差（min）	初凝	−90～+90	−90～+120	＞+90	−90～+120	＞+90～	−90～+90	−90～+120	＞+90
	终凝			—		—			—
坍落度 1h 经时变化量(mm)		—	≤80	≤60	—	—	—	—	—
抗压强度比（％）	1d	≥180	≥170	—	≥140	—	≥135	—	—
	3d	≥170	≥160	—	≥130	—	≥130	≥115	—
	7d	≥145	≥150	≥140	≥125	≥125	≥110	≥115	≥110
	28d	≥130	≥140	≥130	≥120	≥120	≥100	≥110	≥110
收缩率比（％）		≤110	≤110	≤110	≤135	≤135	≤135	≤135	≤135

2）泵送剂

① 术语和定义

《混凝土外加剂术语》GB/T 8075—2017 规定了泵送剂的术语和定义。

泵送剂是指能改善混凝土拌合物泵送性能的外加剂。

② 技术要求

《混凝土外加剂》GB 8076—2008 规定了泵送剂的技术要求。

混凝土泵送剂的匀质性指标应符合表 2-59 的规定，技术性能指标应符合表 2-61 的规定。

混凝土泵送剂受检混凝土性能指标 表 2-61

项目		泵送剂指标
减水率（％）		≥12
泌水率比（％）		≤70
含气量（％）		≤5.5
坍落度 1h 经时变化量（mm）		≤80
抗压强度比（％）	R_7	≥115
	R_{28}	≥110
收缩率比（％）		≤135

3）坍落度保持剂

《混凝土坍落度保持剂》JC/T 2481—2018 规定了混凝土坍落度保持剂的术语和定义、性能指标、检验方法、检验规则和包装、标志、运输与贮存等。

① 术语和定义

混凝土坍落度保持剂是指在一定时间内，能减少新拌混凝土坍落度损失且对凝结时间无显著影响的外加剂。

② 技术要求

混凝土坍落度保持剂的匀质性指标应符合表 2-62 的规定，技术性能指标应符合表 2-63 的规定。

混凝土坍落度保持剂的匀质性指标　　　　表 2-62

项目	指标	
	SRA-Y	SRA-G
含固量（%）	$S>25\%$ 时，应控制在 $0.95S\sim1.05S$；$S\leqslant25\%$ 时，应控制在 $0.90S\sim1.10S$	—
含水率（%）	—	$W>5\%$ 时，应控制在 $0.90W\sim1.10W$；$W\leqslant5\%$ 时，应控制在 $0.80W\sim1.20W$
密度（g/cm³）	$D>1.1$ 时，应控制在 $D\pm0.03$；$D\leqslant1.1$ 时，应控制在 $D\pm0.02$	—
pH	应在生产厂控制值 ±1.0 之内	
氯离子含量（按折固含量计，%）	$\leqslant0.6$	
碱含量（按折固含量计，%）	$\leqslant10$	
硫酸钠含量（按折固含量计，%）	$\leqslant5.0$	
释放氨的量（%）	$\leqslant0.10$	

注：1. 表中的 S、W 和 D 分别为含固量、含水率和密度的生产厂控制值。
　　2. 生产厂应在相关的技术资料中明示产品通用要求指标的控制值。
　　3. 对相同和不同批次之间的通用要求和等效性的其他要求，可由供需双方商定。

掺混凝土坍落度保持剂的受检混凝土性能指标　　　　表 2-63

项目		指标		
		SRA-Ⅰ	SRA-Ⅱ	SRA-Ⅲ
1h 含气量（%）		$\leqslant6.0$		
坍落度经时变化量（mm）	1h	$\leqslant+10$	—	—
	2h	$>+10$	$\leqslant+10$	—
	3h	$>+10$	$>+10$	$\leqslant+10$
凝结时间之差（min）	初凝	$-90\sim+120$		$-90\sim+180$
	终凝			
经时成型混凝土抗压强度比（%）	28d	$\geqslant100$		$\geqslant90$
经时成型混凝土收缩率比（%）	28d	$\leqslant120$		$\leqslant135$

注：1. 凝结时间之差指标中的"—"号表示提前，"+"号表示延缓；坍落度经时变化量指标中的"+"号表示坍落度减小。
　　2. 当用户对混凝土坍落度保持剂有特殊要求时，需要进行的补充试验项目、试验方法及指标，由供需双方商定。

4）引气剂和引气减水剂

《混凝土外加剂术语》GB/T 8075—2017 规定了混凝土引气剂和引气减水剂的术语和定义。《混凝土外加剂》GB 8076—2008 规定了引气剂和引气减水剂的性能指标、检验方法、检验规则和包装、标志、运输与贮存等。

① 术语和定义

引气剂是指能通过物理作用引入均匀、稳定而封闭的微小气泡，且能将气泡保留在硬化混凝土体中的外加剂。

引气减水剂是指具有引气功能的减水剂。

② 性能指标

混凝土引气剂和引气减水剂的匀质性指标应符合表 2-59 的规定，技术性能指标应符合表 2-64 的规定。

掺混凝土引气剂和引气减水剂受检混凝土性能指标　　表 2-64

项目		引气剂	引气减水剂
减水率（%）		≥6	≥10
泌水率比（%）		≤70	≤70
含气量（%）		>3.0	>3.0
凝结时间之差（min）	初凝	−90～+120	−90～+120
	终凝	−90～+120	−90～+120
含气量 1h 经时变化量（%）		−1.5～+1.5	−1.5～+1.5
抗压强度比（%）	3d	≥95	≥115
	7d	≥95	≥110
	28d	≥90	≥100
收缩率比（%）		≤135	≤135
相对耐久性（200 次）（%）		≥80	≥80

（2）调节混凝土凝结时间和硬化过程的外加剂

主要包括缓凝剂、早强剂和速凝剂等，现行国家标准、行业标准规定了此类外加剂的技术要求。

1）缓凝剂

《混凝土外加剂术语》GB/T 8075—2017 规定了缓凝剂的术语和定义。《混凝土外加剂》GB 8076—2008 规定了缓凝剂的性能指标、检验方法、检验规则和包装、标志、运输与贮存等。

① 术语和定义

缓凝剂是指能延长混凝土凝结时间，而对混凝土后期强度没有负面影响的外加剂。

② 技术要求

混凝土缓凝剂的匀质性指标应符合表 2-59 的规定，技术性能指标应符合表 2-65 的规定。

掺混凝土缓凝剂受检混凝土性能指标　　表 2-65

项目		指标
泌水率比（%）		≤100
凝结时间之差（min）	初凝	>+90
	终凝	—
抗压强度比（%）	7d	≥100
	28d	≥100
收缩率比（%）		≤135

2）早强剂

《混凝土外加剂术语》GB/T 8075—2017 规定了早强剂的基本术语和定义。《混凝土外加剂》GB 8076—2008 和《混凝土早强剂》T/CECS 10124—2021 规定了早强剂的性能指标、检验方法、检验规则和包装、标志、运输与贮存等。其中《混凝土早强剂》T/CECS 10124—2021 明确指出早强剂不应影响混凝土的耐久性能。

① 术语和定义

早强剂是指能加速混凝土早期强度发展，而对混凝土后期强度和耐久性没有负面影响的外加剂。

② 技术要求

混凝土早强剂的匀质性指标应符合表 2-66 的规定，技术性能指标应符合表 2-67 的规定。

混凝土早强剂的匀质性指标　　　　表 2-66

项目	《混凝土外加剂》GB 8076—2008 中指标	《混凝土早强剂》T/CECS 10124—2021 中指标
外观	—	液体早强剂：均匀不分层
氯离子含量（%）	不超过生产厂控制值	≤0.1
总碱量（%）	不超过生产厂控制值	≤5
SO₃ 含量（%）	—	≤5
含固量（%）	$S>25\%$ 时，应控制在 $0.95S\sim1.05S$；$S\leqslant25\%$ 时，应控制在 $0.90S\sim1.10S$	$S>25\%$ 时，应控制在 $0.95S\sim1.05S$；$S\leqslant25\%$ 时，应控制在 $0.90S\sim1.10S$
含水率（%）	$W>5\%$ 时，应控制在 $0.90W\sim1.10W$；$W\leqslant5\%$ 时，应控制在 $0.80W\sim1.20W$	粉体早强剂：≤5%
密度（g/cm³）	$D>1.1$ 时，应控制在 $D\pm0.03$；$D\leqslant1.1$ 时，应控制在 $D\pm0.02$	$D>1.1$ 时，应控制在 $D\pm0.03$；$D\leqslant1.1$ 时，应控制在 $D\pm0.02$
细度	应在生产厂控制范围内	1.18mm 筛筛余不大于 1%
pH 值	应在生产厂控制范围内	应在生产厂控制值±1 之内
硫酸钠含量（%）	不超过生产厂控制值	—

注：1. 生产厂应在相关的技术资料中明示产品匀质性指标的控制值；
　　2. 对相同和不同批次之间的匀质性和等效性的其他要求，可由供需双方商定；
　　3. 表中的 S、W 和 D 分别为含固量、含水率和密度的生产厂控制值。

掺混凝土早强剂受检混凝土性能指标　　　　表 2-67

项目		《混凝土外加剂》GB 8076—2008 中指标	《混凝土早强剂》T/CECS 10124—2021 中指标值 I	II
减水率（%）		—	≤8	
含气量增加值（%）		—	≤2.0	
泌水率比（%）		≤100	≤95	
凝结时间之差（min）	初凝	−90～+90	−120～0	−90～0
	终凝		−120～0	−90～0
抗压强度比（%）	12h	—	≥80	≥150
	1d	≥135	≥135	
	3d	≥130	≥130	
	7d	≥110	≥110	
	28d	≥100	≥100	
	90d	≥100	≥100	
28d 氯离子渗透系数比（%）		—	≤100	
收缩率比（%）		≤135	—	

注：凝结时间之差性能指标中的"—"号表示提前。

3）速凝剂

《混凝土外加剂术语》GB/T 8075—2017 规定了速凝剂的基本术语和定义。《喷射混凝土用速凝剂》GB/T 35159—2017 规定了速凝剂的性能指标、检验方法、检验规则和包装、标志、运输与贮存等。

① 术语和定义

速凝剂是指能使混凝土迅速凝结硬化的外加剂。

② 技术要求

《喷射混凝土用速凝剂》GB/T 35159—2017 中速凝剂按产品性状分为液体速凝剂、粉体速凝剂，按产品中碱含量的多少分为有碱速凝剂、无碱速凝剂。混凝土速凝剂的匀质性指标应符合表 2-68 的规定，技术性能指标应符合表 2-69 的规定。

混凝土速凝剂的匀质性指标　　　　　　　　　　　　表 2-68

项目	指标	
	液体速凝剂 FDA-L	粉状速凝剂 FDA-P
氯离子含量（%）	≤0.1	
碱含量（按 Na_2O 含量计，%）	应小于生产厂控制值，其中无碱速凝剂≤1.0	
含固量（%）	$S>25$ 时，应控制在 $0.95S\sim1.05S$； $S\leqslant25$ 时，应控制在 $0.90S\sim1.10S$	—
含水率（%）	—	≤2.0
密度（g/cm^3）	$D>1.1$ 时，应控制在 $D\pm0.03$； $D\leqslant1.1$ 时，应控制在 $D\pm0.02$	—
细度（80μm 方孔筛筛余，%）	—	≤15
pH 值	≥2.0，且应在生产厂控制值±1 之内	—

注：1. 生产厂应在相关的技术资料中明示产品匀质性指标的控制值；
　　2. 对相同和不同批次之间的匀质性和等效性的其他要求，可由供需双方商定；
　　3. 表中 D 和 S 分别为密度和含固量的生产厂控制值。

混凝土速凝剂的技术性能指标　　　　　　　　　　表 2-69

项目		指标	
		无碱速凝剂 FSA-AF	有碱速凝剂 FSA-A
净浆凝结时间（min）	初凝	≤5	
	终凝	≤12	
砂浆抗压强度	1d 抗压强度（MPa）	≥7.0	
	28d 抗压强度比（%）	≥90	≥70
	90d 强度保留率（%）	≥100	≥70

此外，目前市场上还有一种低碱速凝剂，其碱含量介于无碱速凝剂与有碱速凝剂之间，并且正在编制相应的团体标准《喷射混凝土用液体低碱速凝剂》。

（3）改善混凝土耐久性的外加剂

主要包括引气剂、混凝土防腐阻锈剂、混凝土抗侵蚀抑制剂和防水剂等，现行国家标准、行业标准规定了此类外加剂的技术要求。

1）混凝土防腐阻锈剂

《混凝土防腐阻锈剂》GB/T 31296—2014 规定了混凝土防腐阻锈剂的基本术语和定义、性能指标、检验方法、检验规则和包装、标志、运输与贮存等。

① 术语和定义

混凝土防腐阻锈剂是指掺入混凝土中用于抵抗硫酸盐对混凝土的侵蚀、抑制氯离子对钢筋锈蚀的外加剂。

② 技术要求

混凝土防腐阻锈剂的匀质性指标应符合表 2-70 的规定，技术性能指标应符合表 2-71 的规定。

混凝土防腐阻锈剂的匀质性指标　　　　　　　表 2-70

项目	指标
粉状混凝土防腐阻锈剂含水率（%）	$W>5\%$ 时，应控制在 $0.90W\sim1.10W$； $W\leqslant5\%$ 时，应控制在 $0.80W\sim1.20W$
液体混凝土防腐阻锈剂密度（g/cm³）	$D>1.1$ 时，应控制在 $D\pm0.03$； $D\leqslant1.1$ 时，应控制在 $D\pm0.02$
粉状混凝土防腐阻锈剂细度（%）	应在生产厂内控制范围
pH	应在生产厂内控制范围
硫酸钠含量（%）	$\leqslant1.0$
氯离子含量（%）	$\leqslant0.1$
碱含量（%）	$\leqslant1.5$

注：1. 生产厂控制值在产品说明书或出厂检验报告中明示；
　　2. 表中 W 和 D 分别为含水率和密度的生产厂控制值。

混凝土防腐阻锈剂的技术性能指标　　　　　　　表 2-71

项目		指标		
		A 型	B 型	AB 型
泌水率比（%）		$\leqslant100$		
凝结时间之差（min）	初凝	$-90\sim+120$		
	终凝			
抗压强度比（%）	3d	$\geqslant90$		
	7d	$\geqslant90$		
	28d	$\geqslant100$		
收缩率比（%）		$\leqslant110$		
氯离子渗透系数比（%）		$\leqslant85$	$\leqslant100$	$\leqslant85$
硫酸盐侵蚀系数比（%）		$\geqslant115$	$\geqslant100$	$\geqslant115$
腐蚀电量比（%）		$\leqslant80$	$\leqslant50$	$\leqslant50$

2）混凝土抗侵蚀抑制剂

《混凝土抗侵蚀抑制剂》JC/T 2553—2019 规定了产品的术语与定义、性能指标、检验方法、检验规则和包装、标志、运输与贮存等。

① 术语和定义

混凝土抗侵蚀抑制剂是指掺入混凝土中，抑制环境中侵蚀性介质向混凝土内部传输，并提升混凝土结构抗侵蚀能力的外加剂。

② 技术要求

混凝土抗侵蚀抑制剂的匀质性指标应符合表 2-72 的规定，技术性能指标应符合表2-73的规定。

混凝土抗侵蚀抑制剂的匀质性指标　　　　　　　表 2-72

项目	指标
氯离子含量（%）	不超过生产厂控制值
总碱量（%）	不超过生产厂控制值

续表

项目	指标
密度（g/cm³）	$D>1.1$ 时，应控制在 $D\pm0.03$； $D\leqslant1.1$ 时，应控制在 $D\pm0.02$
pH	应在生产厂控制范围内
硫酸钠含量（%）	不超过生产厂控制值
游离 NH_4^+ 含量（mg/L）	$\leqslant100$

注：表中 D 为密度的生产厂控制值。

混凝土抗侵蚀抑制剂技术性能指标　　　　表 2-73

项目		指标	
		Ⅰ型	Ⅱ型
凝结时间之差（min）	初凝	$\geqslant-90$	
泌水率比（%）		$\leqslant100$	
抗压强度比（%）	3d	$\geqslant70$	$\geqslant75$
	28d	$\geqslant85$	$\geqslant90$
吸水率（%）	30min	$\leqslant1.20$	$\leqslant0.85$
氯离子渗透系数比（%）		$\leqslant100$	$\leqslant85$
120 次干湿循环硫酸盐抗压耐蚀系数		$\geqslant0.75$	$\geqslant0.90$
收缩率比（%）		$\leqslant110$	$\leqslant100$
盐水浸烘环境中钢筋腐蚀面积百分率减少（%）		$\geqslant50$	$\geqslant75$

3）防水剂

《混凝土外加剂术语》GB/T 8075—2017 规定了防水剂的术语和定义。《砂浆、混凝土外加剂》JC 474—2008 规定了防水剂的砂浆、混凝土技术要求、试验方法、检验规则和包装、标志、运输与贮存等。

① 术语和定义

防水剂是指能降低砂浆、混凝土在静水压力下透水性的外加剂。

② 技术要求

混凝土防水剂匀质性指标应符合表 2-74 的规定，技术性能指标应符合表 2-75、表2-76的规定。

混凝土防水剂的匀质性指标　　　　表 2-74

项目	指标
氯离子含量（%）	应小于生产厂最大控制值
总碱量（%）	应小于生产厂最大控制值
含固量（%）	$S\geqslant20\%$ 时，应控制在 $0.95S\sim1.05S$； $S<20\%$ 时，应控制在 $0.90S\sim1.10S$
含水率（%）	$W\geqslant5\%$ 时，应控制在 $0.90W\sim1.10W$； $W<5\%$ 时，应控制在 $0.80W\sim1.20W$
密度（g/cm³）	$D\geqslant1.1$ 时，应控制在 $D\pm0.03$； $D<1.1$ 时，应控制在 $D\pm0.02$
细度	0.315mm 筛筛余应小于 15%

注：表中的 S、W 和 D 分别为含固量、含水率和密度的生产厂控制值。

混凝土防水剂的技术性能指标　　　　　　　　　　表 2-75

项目		指标	
		一等品	合格品
安定性		合格	合格
凝结时间	初凝（min）	≥45	≥45
	终凝（h）	≤10	≤10
抗压强度比（%）	7d	≥100	≥85
	28d	≥90	≥80
透水压力比（%）		≥300	≥200
吸水量比（48h）（%）		≤65	≤75
收缩率比（28d）（%）		≤125	≤135

注：安定性和凝结时间为受检净浆的试验结果，其他项目数据均为受检砂浆与基准砂浆的比值。

受检混凝土技术性能指标　　　　　　　　　　表 2-76

项目		指标	
		一等品	合格品
安定性		合格	合格
泌水率比（%）		≤50	≤70
凝结时间之差（min）	初凝	≥-90	≥-90
抗压强度比（%）	3d	≥100	≥90
	7d	≥110	≥100
	28d	≥100	≥90
渗透高度比（%）		≤30	≤40
吸水量比（48h）（%）		≤65	≤75
收缩率比（28d）（%）		≤125	≤135

注：安定性为受检净浆的试验结果，凝结时间差为受检混凝土与基准混凝土的差值，其他项目数据均为受检混凝土与基准混凝土的比值。

（4）改善混凝土其他性能的外加剂

主要包括膨胀剂、减缩剂、防冻剂、防冻型泵送剂和絮凝剂等，现行国家标准、行业标准规定了此类外加剂的技术要求。

1）膨胀剂

《混凝土外加剂术语》GB/T 8075—2017 规定了膨胀剂的基本术语和定义。《混凝土膨胀剂》GB/T 23439—2017 规定了膨胀剂的性能指标、检验方法、检验规则和包装、标志、运输与贮存等。

① 术语和定义

膨胀剂是指在混凝土硬化过程中因化学作用能使混凝土产生一定体积膨胀的外加剂。

② 技术要求

《混凝土膨胀剂》GB/T 23439—2017 中将膨胀剂分为 I 型和 II 型两种型号，混凝土膨胀剂的匀质性指标应符合表 2-77 的规定，技术性能指标应符合表 2-78 的规定。

混凝土膨胀剂的匀质性指标 表 2-77

项目	指标	
	Ⅰ型	Ⅱ型
氧化镁含量（%）	≤5	
碱含量（%）	若使用活性骨料，用户要求提供低碱混凝土膨胀剂时，混凝土膨胀剂中的碱含量不应大于 0.75%，或由供需双方协商确定	

混凝土膨胀剂的技术性能指标 表 2-78

项目		指标	
		Ⅰ型	Ⅱ型
细度	比表面积（m²/kg）	≥200	≥200
	1.18mm 筛筛余（%）	≥0.5	≥0.5
凝结时间（min）	初凝	≥45	≥45
	终凝	≤600	≤600
限制膨胀率（%）	水中 7d	≥0.035	≥0.050
	空气中 21d	≥−0.015	≥−0.010
抗压强度（MPa）	7d	≥22.5	≥22.5
	28d	≥42.5	≥42.5

2）减缩剂

《混凝土外加剂术语》GB/T 8075—2017 规定了减缩剂的术语和定义。《砂浆、混凝土减缩剂》JC/T 2361—2016 规定了减缩剂性能指标、检验方法、检验规则和包装、标志、运输与贮存等。

① 术语和定义

减缩剂是指通过改变孔溶液离子特征及降低孔溶液表面张力等作用来减少砂浆或混凝土收缩的外加剂。

② 技术要求

《砂浆、混凝土减缩剂》JC/T 2361—2016 中将减缩剂分为标准型和减水型两类，混凝土减缩剂的匀质性指标应符合表 2-79 的规定，技术性能指标应符合表 2-80、表 2-81 的规定。

混凝土减缩剂的匀质性指标 表 2-79

项目	指标
外观	均匀不分层
氯离子含量（%）	不超过生产厂控制值
总碱量（%）	不超过生产厂控制值
密度（g/cm³）	D>1.1 时，应控制在 D±0.03；D≤1.1 时，应控制在 D±0.02

注：表中 D 为密度的生产厂控制值。

混凝土减缩剂的技术性能指标 表 2-80

项目		指标	
		标准型	减水型
减水率（%）		—	≥8
凝结时间之差（min）	初凝	≤+120	—
	终凝	≤+120	—

续表

项目		指标	
		标准型	减水型
抗压强度比（%）	7d	≥80	≥100
	28d	≥90	≥110
减缩率（%）	7d	≥40	≥30
	28d	≥30	≥20
	60d	≥25	≥15

混凝土减缩剂的技术性能指标　　　　表 2-81

项目		指标	
		标准型	减水型
减水率（%）		—	≥15
含气量（%）		≤5	≤5
凝结时间之差（min）	初凝	+120	—
	终凝	+120	—
抗压强度比（%）	7d	≥90	≥100
	28d	≥95	≥110
减缩率（%）	7d	≥35	≥25
	28d	≥30	≥20
	60d	≥25	≥15

3）防冻剂

《混凝土外加剂术语》GB/T 8075—2017 规定了防冻剂的术语和定义。《混凝土防冻剂》JC 475—2004 规定了防冻剂技术要求、试验方法、检验规则和包装、标志、运输与贮存等。

① 术语和定义

防冻剂是指能使混凝土在负温下硬化，并在规定养护条件下达到预期性能的外加剂。

② 技术要求

《混凝土防冻剂》JC 475—2004 中根据混凝土的规定温度将防冻剂分为用于−5℃、−10℃、−15℃温度环境施工的防冻剂产品。混凝土防冻剂的匀质性指标应符合表 2-82 的规定，技术性能指标应符合表 2-83 的规定。

混凝土防冻剂的匀质性指标　　　　表 2-82

项目	指标
氯离子含量（%）	无氯盐防冻剂：≤0.1%（质量百分比） 其他防冻剂：不超过生产厂控制值
总碱量（%）	不超过生产厂控制值
含固量（%）	$S \geq 20\%$ 时，应控制在 $0.95S \sim 1.05S$； $S < 20\%$ 时，应控制在 $0.90S \sim 1.10S$
含水率（%）	$W \geq 5\%$ 时，应控制在 $0.90W \sim 1.10W$； $W < 5\%$ 时，应控制在 $0.80W \sim 1.20W$
密度（g/cm³）	$D > 1.1$ 时，应控制在 $D \pm 0.03$； $D \leq 1.1$ 时，应控制在 $D \pm 0.02$

续表

项目	指标
水泥净浆流动度（mm）	不应小于生产厂控制值的95%
细度	不应超过生产厂提供的最大值

注：1. 生产厂应在相关的技术资料中明示产品匀质性指标的控制值；
　　2. 对相同和不同批次之间的匀质性和等效性的其他要求，可由供需双方商定；
　　3. 表中的 S、W 和 D 分别为含固量、含水率和密度的生产厂控制值。

受检混凝土技术性能指标　　　　　　　　　　表 2-83

项目		指标					
		一等品			合格品		
减水率（%）		≥10			—		
泌水率比（%）		≤80			≤100		
含气量（%）		≥2.5			≥2.0		
凝结时间之差（min）	初凝	−150～+150			−210～+210		
	终凝						
抗压强度比（%）	规定温度（℃）	−5	−10	−15	−5	−10	−15
	R_{-7}	≥20	≥12	≥10	≥20	≥10	≥8
	R_{28}	≥100		≥95	≥95		≥90
	R_{-7+28}	≥95	≥90	≥85	≥90	≥85	≥80
	R_{-7+56}	≥100			≥100		
28d 收缩率比（%）		≤135					
渗透高度比（%）		≤100					
50 次冻融强度损失率比（%）		≤100					
对钢筋锈蚀作用		应说明对钢筋无锈蚀作用					

另外，含有氨或氨基类的防冻剂释放氨量应符合《混凝土外加剂中释放氨的限量》GB 18588—2001 规定的限值。

4）防冻泵送剂

① 术语和定义

《混凝土外加剂术语》GB/T 8075—2017 规定了防冻泵送剂的术语和定义。

防冻泵送剂是指既能使混凝土在负温下硬化，并在规定养护条件下达到预期性能，又能改善混凝土拌合物泵送性的外加剂。

② 技术要求

《混凝土防冻泵送剂》JG/T 377—2012 规定了防冻型泵送剂的技术要求。

混凝土防冻泵送剂的匀质性指标应符合表 2-84 的规定，技术性能指标应符合表 2-85 的规定。

混凝土防冻泵送剂的匀质性指标　　　　　　　表 2-84

项目	指标
总碱量（%）	不超过生产厂控制值
含固量（%）	$S>25\%$时，应控制在 $0.95S～1.05S$； $S≤25\%$时，应控制在 $0.90S～1.10S$

续表

项目	指标
含水率（％）	$W>5\%$ 时，应控制在 $0.90W\sim1.10W$； $W\leqslant5\%$ 时，应控制在 $0.80W\sim1.20W$
密度（g/cm³）	$D>1.1$ 时，应控制在 $D\pm0.03$； $D\leqslant1.1$ 时，应控制在 $D\pm0.02$
细度	应在生产厂控制范围内

注：1. 生产厂应在相关的技术资料中明示产品匀质性指标的控制值；
　　2. 对相同和不同批次之间的匀质性和等效性的其他要求，可由供需双方商定；
　　3. 表中的 S、W 和 D 分别为含固量、含水率和密度的生产厂控制值。

受检混凝土的技术性能指标　　　　　　　　　　表 2-85

项目		Ⅰ 型			Ⅱ 型		
减水率（％）		≥14			≥20		
泌水率比（％）		≤70			≤70		
含气量（％）		2.5～5.5			2.5～5.5		
凝结时间之差（min）	初凝	−150～+210			−150～+210		
	终凝						
坍落度 1h 经时变化量（mm）		≤80			≤80		
抗压强度比（％）	规定温度（℃）	−5	−10	−15	−5	−10	−15
	R_{28}	≥110	≥110	≥110	≥120	≥120	≥120
	R_{-7}	≥20	≥14	≥12	≥20	≥14	≥12
	R_{-7+28}	≥100	≥95	≥90	≥100	≥100	≥100
收缩率比（％）		≤135			≤135		
50 次冻融循环强度损失比（％）		≤100			≤100		

5）絮凝剂

《水下不分散混凝土絮凝剂技术要求》GB/T 37990—2019 规定了水下不分散混凝土的术语和定义。《水下不分散混凝土絮凝剂技术要求》GB/T 37990—2019 规定了水下不分散用混凝土絮凝剂的技术要求、试验方法、检验规则和包装、标志、运输与贮存等。

① 术语和定义

絮凝剂是指在水中施工时，能增加混凝土拌合物黏聚性，减少水泥浆体和骨料分离的外加剂。

② 技术要求

混凝土絮凝剂的匀质性指标应符合表 2-86 的规定，技术性能指标应符合表 2-87 的规定。

混凝土絮凝剂的匀质性指标　　　　　　　　　　表 2-86

项目	指标
氯离子含量（％）	不超过生产厂声明值
总碱量（％）	不超过生产厂声明值
含固量（％）	$S>25\%$ 时，应控制在 $0.95S\sim1.05S$； $S\leqslant25\%$ 时，应控制在 $0.90S\sim1.10S$

续表

项目	指标
含水率（%）	$W>5\%$ 时，应控制在 $0.90W\sim1.10W$； $W\leq5\%$ 时，应控制在 $0.80W\sim1.20W$
密度（g/cm³）	$D>1.1$ 时，应控制在 $D\pm0.03$； $D\leq1.1$ 时，应控制在 $D\pm0.02$

注：1. 生产厂应在相关的技术资料中明示产品匀质性指标的声明值；
    2. 表中的 S、W 和 D 分别为含固量、含水率和密度的生产厂控制值。

受检混凝土技术性能指标 表 2-87

项目		指标	
		合格品	一等品
泌水率（%）		≤0.5	0
含气量（%）		≤6.0	
1h 扩展度（mm）		≥420	
凝结时间（h）	初凝	≥5	
	终凝	≤24	
抗分散性能	悬浊物含量（mg/L）	≤150	≤100
	pH	≤12.0	
水下成型试件的 抗压强度（MPa）	7d	≥15.0	≥18.0
	28d	≥22.0	≥25.0
水陆强度比（%）	7d	≥70	≥80
	28d	≥70	≥80

2.4.3 常见问题及原因

1. 减水剂

减水剂是混凝土中应用最广泛的一种外加剂，对混凝土拌合物的施工性能起到至关重要的作用，亦对硬化混凝土各项性能有一定的影响。如使用方式不当可能产生一些应用问题。

常见问题1：掺聚羧酸减水剂混凝土中掺/混入萘磺酸盐系、密胺系、脂肪族系和氨基磺酸盐系减水剂后，混凝土拌合物流动性劣化，施工性能下降，甚至不能满足施工要求。

原因分析：聚羧酸系减水剂为梳状高分子，减水机理为空间位阻和静电斥力作用，其中空间位阻作用更加突出。主链上所带的极性阴离子活性基团吸附在水泥颗粒表面，亲水性的支链延伸进入水溶液形成较厚的聚合物分子吸附层。当水泥颗粒相互靠近时，吸附层重叠产生位阻效应，使得水泥颗粒之间不易靠近，促进水泥颗粒在水溶液中的分散。而萘磺酸盐系、密胺系、脂肪族和氨基磺酸盐系减水剂是一类强极性的阴离子表面活性剂，分散作用主要依靠静电斥力，通过改变水泥颗粒表面的电极电位而实现分散作用。由于两类减水剂的吸附基团极性差距大，相互之间不但没有互补性，而且会严重影响聚羧酸减水剂分散能力的发挥。所以，掺/混入萘磺酸盐系、密胺系、脂肪族系和氨基磺酸盐系减水剂后会造成掺聚羧酸减水剂混凝土流动性急剧下降，严重时混凝土拌合物难于施工浇筑，甚至影响硬化混凝土的各项性能。

解决对策：在混凝土拌合物搅拌、运输环节中保证两种减水剂无交叉使用，包括上料管路系统、计量系统、搅拌系统、运输车辆以及清洗污水等环节分开使用，加强生产管理。

常见问题 2：低温季节时，掺聚羧酸减水剂混凝土拌合物的流动性经时增加，施工现场混凝土离析、抓底，无法正常施工，甚至完全丧失匀质性。

原因分析：混凝土生产企业商用的减水剂产品一般由减水组分、保坍组分、缓凝组分等组成，根据实际使用的水泥、砂石等原材料情况、工程施工具体需求以及季节温湿度变化而确定各个组分的含量，所以当混凝土原材料或环境气温发生较大变化时，可能出现混凝土施工性能的较大波动。其中，聚羧酸减水剂吸附速率慢，且在低温季节更加严重，而过慢的吸附特性会导致在搅拌生产结束后的一段时间内混凝土拌合物流动性增加，严重时甚至出现离析、趴底，混凝土拌合物匀质性下降，难于施工浇筑。

解决对策：减水剂的使用需要实时关注材料、气温的变化，及时调整各组分的用量以及外加剂的掺量。通过调整减水剂配方，适当减低缓凝组分和保坍组分的用量，混凝土工作性满足浇筑要求。

常见问题 3：聚羧酸减水剂水溶液在夏季高温、敞口容器中长时间存放易散发刺鼻气味，产生岛状悬浮物。

原因分析：夏季高温环境下，易滋生各种细菌，聚羧酸减水剂水溶液 pH 多为 5~7，此环境下细菌滋生速度快，生长代谢快，可散发恶臭味，形成岛状悬浮态的细菌团。在富含葡萄糖酸钠（富含菌类）、蔗糖类缓凝剂的聚羧酸减水剂中此类现象更易发生。但此种变质对聚羧酸减水剂分子无显著影响，蔗糖降解可能造成减水剂产品凝结时间缩短应加以注意。

解决措施：夏季高温季节，建议加强聚羧酸减水剂水溶液的细菌消杀工作，采用杀菌剂或防腐剂将输运减水剂的管道、承装减水剂的容器做定期消杀，同时在减水剂产品中掺入 0.1%~0.5% 的杀菌剂，减少细菌滋生对减水剂产品的不良影响。

常见问题 4：减水剂计量设备故障、误操作等原因使混凝土中减水剂用量大幅度超过设计掺量，造成混凝土凝结时间超长，无法正常凝结。

原因分析：为了满足商品混凝土生产、运输、浇筑耗时以及现场施工进度时间的需求，通常在减水剂中添加缓凝组分以延长混凝土拌合物凝结时间，按照设计掺量使用减水剂时，混凝土拌合物的凝结时间能够满足设计需求，不会出现混凝土拌合物凝结时间异常现象。由于外加剂计量设备故障或操作员误操作等非正常原因造成减水剂用量大幅超过设计掺量时，减水剂中的缓凝组分将严重过量，导致水泥不能在设计时间段内正常凝结硬化，宏观表现为混凝土凝结时间延长，甚至出现永久不凝。

解决对策：如果严重缓凝问题已出现，建议对已浇筑入模的混凝土拌合物采取高压水冲洗的方式，及时清除；日常管理中，制定严格设备检修方案，及时检修混凝土生产设备；明晰生产操作人员岗位责任，增加人工复合环节或减水剂超量报警装置。

常见问题 5：掺高效减水剂的混凝土拌合物流动度损失快。

原因分析：部分高效减水剂通过磺酸基团提供静电斥力达到分散的效果，但是其分子结构为刚性直链，易被水泥水化产物掩埋，导致减水率低、混凝土拌合物损失快等问题。外加剂分子结构可优化的空间小，无法从减水剂本身解决该类问题。

解决对策：在使用高效减水剂时，可以采用复配木质素类减水剂提高产品性价比。采用复配缓凝剂或提高减水剂掺量来缓解坍落度损失快问题。但其极限减水率低的问题无法从减水剂本身解决，需要更换减水品种，如更换聚羧酸系高性能减水剂。

常见问题 6：减水剂与水泥的适应性问题突出，影响混凝土拌合物施工性能。

原因分析：不同种类减水剂的分子结构差异大，其中梳型的聚羧酸减水剂与刚性直链的萘磺酸盐系减水剂的分子结构及作用机理的差别，使其在水泥混凝土中的分散效能不同，是减水剂与水泥适应性的一个原因。另外，水泥中熟料矿物组成（熟料矿物水化进程快慢）、石膏种类及含量（硫酸根溶解速率大小）、混合材种类（吸附性能高低）的差异亦较大，在水泥水化早期，水泥组分差异造成铝酸三钙等的水化反应进程不一，新生水化产物形貌、尺寸差异，使减水剂与水泥的适应性问题更为突出。

解决对策：针对具体的水泥，明确矿物组成、石膏种类及含量等关键参数，科学选用不同类型的减水剂（如减水型、保坍型、早强型等）及复配功能组分（缓凝组分、引气组分、增稠组分）进行有效掺配使用，调整组分比例，调试出与具体水泥相适应的减水剂产品。如不能调试出有效的减水剂产品，亦可根据减水剂的性能，优选与对应减水剂适应性优的水泥。水泥与减水剂适应性优选可参照《混凝土外加剂应用技术规程》GB 50119—2013 执行。

2. 引气剂

为改善混凝土拌合物施工性能、提升硬化混凝土的抗冻融耐久性，引气剂在预拌混凝土中广泛应用。引气剂掺量小、效能大，使用不当，可致硬化混凝土的外观、力学性能不良。

常见问题 1：掺入引气剂后，混凝土拌合物含气量增量小或不增加，含气量经时损失大。

原因分析：引气剂掺量小，当混凝土原材料中含有强吸附性材料（骨料含泥、高石粉含量机制砂、高烧失量粉煤灰、以煤矸石做混合材的水泥等）致使引气剂分子被吸附进入固体材料内部，混凝土浆体液相中引气剂含量低，可能造成混凝土含气量增加小，甚至无增加，即引气难；而如果上述吸附行为存在一定的时效性，则可造成混凝土含气量经时快速损失。另外，混凝土和易性差，水泥浆体黏度过低、与骨料结合差时，掺引气剂的混凝土含气量亦增加较小，且稳定性差。

解决对策：针对吸附效应导致的引气剂失效问题，可根据具体情况，在引气剂建议掺量范围内适当提高引气剂用量；引气剂种类较多，包括松香热聚物类、三萜皂苷类、聚醚类等多种，可以考察引气剂种类与混凝土原材料的适应性，根据原材料的吸附特征，选择适应性最佳的引气剂种类应用。针对机制砂级配差导致引气难、稳定性差问题，可以采用引气与混凝土和易性改善（使用增稠剂）相复合应用方法，改善混凝土中气泡的生成量及稳定性。

常见问题 2：混凝土拌合物测试含气量较高，但硬化混凝土的抗冻融循环耐久性能未显著提升，力学性能大幅下降。

原因分析：引气剂也有适应性问题，不同种类/分子结构引气剂在不同混凝土原材料、不同混凝土配合比下的应用效果差异较大，其中尤其以形成的气泡尺寸及数量有关，若引入尺寸 $>2000\mu m$ 的气泡含量越多，且气泡间距 $>200\mu m$ 时，抗冻性越差，同时含气量每增加 1%，抗压强度损失 5%。

解决对策：应用前开展系统的引气剂适应性分析，在具体混凝土原材料与配比参数下，使用能够引入细密气泡的引气剂，小气泡占比越多，气泡间距越小，对强度和抗冻性越有利。

常见问题 3：掺引气剂的混凝土外观气泡多，混凝土强度波动性大。

原因分析：掺引气剂后，随着搅拌作用，在混凝土内部形成的大量随机分布的气泡，主要存在于水泥浆体中、水泥浆体与骨料的界面处等位置，造成水泥浆体强度、水泥浆体与骨料界面强度降低，强度稳定性差；硬化混凝土外表面为水泥浆体富集区，引气剂在水泥浆体内部形成的大量气泡在混凝土外表面同样存在，致掺引气剂混凝土外观气泡偏多，且气泡直径多小于 2mm，呈开口状。

解决对策：优化配合比参数，提升混凝土拌合物中水泥浆体含量，适当降低砂率，能够有效改善掺引气剂混凝土外观气泡多、强度稳定性差问题；采用最佳的引气剂用量，同时适当提高浆体屈服应力降低黏度，也能取得控制掺引气剂混凝土外观气泡的效果。

3. 缓凝剂

为解决商品混凝土生产企业与建筑工程现场距离远造成预拌混凝土流动性保持难题和大体积混凝土现场施工时间长问题，预拌混凝土中广泛使用缓凝剂产品，取得了较好的应用效果，同时也存在一些应用问题。

常见问题 1：缓凝效果波动性较大。

原因分析：单一缓凝剂的缓凝效果通常只针对某一种水泥矿物，如 C_3A 或 C_3S，当水泥熟料矿物组成发生明显变化时，缓凝效果也发生明显变化。

解决对策：多种不同类型的缓凝剂复合使用，或使用前先和水泥进行相容性试验。

常见问题 2：缓凝剂超掺引起混凝土长时间不凝。

原因分析：缓凝剂超掺后，溶液中高浓度的缓凝剂分子在水泥颗粒表面形成稳定的溶剂化水膜，对水泥水化产生强烈的抑制作用。

解决对策：在需要缓凝剂超掺时，需要通过实验验证其掺量与凝结时间的关系。在凝结时间可控范围内调整其掺量。

常见问题 3：高温环境下，缓凝剂效果显著下降。

原因分析：气温升高导致水泥水化反应速率加快，常规用量的缓凝剂不足以产生足够的抑制水化作用。

解决对策：增加缓凝剂用量，或改用专用的高温缓凝剂。

常见问题 4：掺缓凝剂混凝土拌合物的"溏芯"现象。

原因分析：掺缓凝剂的混凝土，水泥水化慢、凝结时间长。混凝土在未凝结前如遇大风、高温炙烤，混凝土拌合物表面层失水快，出现一层未凝结但变干的硬壳，而内部混凝土未凝结且未发生较严重失水，而呈塑性状态，最终形成表面硬壳、内部松软的"溏芯"现象。

解决对策：采取防风、遮阳、覆盖、喷淋水雾等方式加强面层混凝土的保湿，避免掺缓凝剂的混凝土形成未凝结而因失水较多的干硬壳层。

4. 早强剂

常见问题 1：使用早强剂后混凝土流动性不足或流动性损失加快。

原因分析：传统的混凝土早强剂主要有硫酸盐、硫酸复盐、硝酸盐、碳酸盐、亚硝酸盐、氯盐、硫氰酸盐等，这一类早强剂一般会加速水泥的水化反应，容易造成混凝土流动性降低和流动性损失加快。

解决对策：使用早强剂时，需关注混凝土的经时坍落度损失，若混凝土经时坍落度损失较大，影响施工性能，可复掺一定量的保坍剂或更换对坍落度损失影响较小的早强组分。

常见问题2：使用高掺量钠盐类早强剂混凝土表面泛白。

原因分析：具有良好水溶性的无机盐早强剂多为钠盐，硬化水泥石的多孔构造给内部由早强剂带入的钠离子迁移提供了良好的通道，随着混凝土内部与外界的水汽交换，大量钠离子自内部迁移至混凝土构筑物表面，与空气中的二氧化碳反应形成白色粉末状物质，即混凝土表面泛白的现象。

解决对策：当硬化混凝土对外观质量有较高要求时，优先选用碱含量低的早强剂产品；提升硬化混凝土的抗渗能力和选用具有"荷叶效应"的憎水类外加剂亦可改善高碱早强剂带来的硬化混凝土表面泛白问题。

常见问题3：高掺量无机盐早强剂的混凝土后期强度降低。

原因分析：很多无机盐类早强剂与水泥熟料矿物一起参与水化反应，生产相应的复盐产物，其稳定性差，易分解；且水泥水化早期大量的复盐产物破坏了正常水泥水化产物的晶体形态和结构，进而导致混凝土后期强度不能持续增长或倒缩，严重时影响混凝土耐久性能。

解决对策：单一早强剂应用，由于成效问题会导致掺量较高，可采用多种类型的早强剂相互复合使用，提升早强剂的作用效果，降低早强剂掺量，减小其对硬化混凝土后期强度的负面影响。

常见问题4：醇胺类早强剂的掺量敏感性高，超掺易造成混凝土严重缓凝。

原因分析：以三乙醇胺为代表的醇胺早强剂反应机理比较复杂，由于掺量很小，最佳掺量难以准确掌握，化学结构中含大量—OH，少量可络合 Ca^{2+}、Fe^{3+} 提高了水泥颗粒表面的可溶性，但过量吸附会延缓水泥矿物的溶解，阻滞水化产物的结晶成核过程，引起混凝土的严重缓凝，强度也受到严重影响。

解决对策：与无机早强剂或早强减水剂复合使用，更好地提高混凝土综合性能，降低有机类早强剂的用量敏感性。

5. 速凝剂

常见问题1：掺有碱速凝剂的喷射混凝土后期强度损失大。

原因分析：矿山、公路等工程还在大范围使用有碱速凝剂，有碱速凝剂由于含有较多的碱金属，早期凝结硬化快，强度高，但是后期强度较低，28d 与 90d 抗压强度保证率低，混凝土抗压强度一般为基准的 70% 左右，强度损失较大，对有较高承载要求或早期变形较大的围岩条件，有碱速凝剂适用性低。

解决对策：无碱速凝剂不含有碱金属离子，掺无碱速凝剂的水泥基材料早期强度高，中后期增长稳定，28d 与 90d 抗压强度比可达 100% 以上。

常见问题2：喷射混凝土施工回弹率高。

原因分析：隧道施工是一项由人、机、料、法、环组成的系统综合工程，喷射混凝土施工中的回弹率同样受隧道的围岩地质环境、施工机具、制备的混凝土性能、施工工艺以及人员素质等因素的影响，波动较大，多在 20％～30％之间，条件差时，回弹率常大于 50％。

影响喷射混凝土回弹的因素可归纳为五类，一是人员，包括施工人员素质、施工机械化水平等；二是喷射工艺，如喷射距离与角度、喷射速度、一次喷射厚度；三是喷射混凝土组成材料，如骨料特性和比例、配合比设计参数（水灰比、胶材组成及用量）、速凝剂种类及掺量；四是喷射机种类及喷嘴类型；五是围岩地质环境，包括围岩稳定性、应力场、渗流场等。

解决对策：喷射混凝土水泥宜采用硅酸盐水泥或普通硅酸盐水泥，胶材体系建议优先选用纯水泥体系，推荐使用矿粉、硅灰，不建议使用劣质粉煤灰。喷射混凝土配合比设计应符合设计要求，水胶比不应大于 0.5，胶凝材料用量不应小于 400kg/m³。速凝剂及减水剂的适应性应满足现场水泥基配合比要求。严格控制喷射混凝土和易性指标，混凝土坍落度在 140～180mm，不应大于 240mm，需兼顾喷射设备工作状态。喷射按拱脚、拱肩、拱顶的方式递进喷射，相邻区域再次喷射间隔时间不低于 15min。喷射同围岩拱圈切线夹角，宜控制在 75°～115°，最好为 90°。此外，喷射顺序、喷射距离与喷射风压等参数需要根据现场喷射条件与混凝土凝结硬化水平、围岩等级等综合确定。

常见问题 3：速凝剂腐蚀性强。

原因分析：传统的粉状速凝剂只能用于干法施工的喷射混凝土中，施工过程中混凝土回弹量大，材料损失严重，施工过程粉尘大、环境恶劣，给施工人员造成了极大的伤害；液体有碱速凝剂的主要原材料包括氢氧化钠、氢氧化铝、偏铝酸钠、硅酸钠和醇胺等，合成的产品 pH 均大于 13.0，碱性极强，具有强腐蚀性；液体无碱速凝剂的主要原材料为硫酸铝，但是很多厂家直接或间接使用到了氢氟酸，用以加强速凝剂的促凝快硬性能，但是氢氟酸在无碱速凝剂使用过程（运输转移、喷射）易挥发、雾化，对施工人员的身体健康造成巨大的潜在伤害。

解决对策：全面推进无碱液体速凝剂的应用，保证使用的无碱速凝剂 pH 不低于 2.0，禁止使用氢氟酸生产速凝剂。

6. 减缩剂

常见问题：掺减缩剂的混凝土各龄期的抗压强度下降。

原因分析：减缩剂的化学组成主要为醇类或聚醚类小分子有机物，分子量一般小于 500，为两亲性表面活性剂（疏水-亲水结构），具有显著的引气作用，易造成混凝土含气量增加。且为了达到最佳的减缩效果，减缩剂的掺量可达 2％以上，过高掺量减缩剂会进一步提升混凝土含气量，高含气量在一定程度上会造成混凝土强度的降低。

解决对策：减缩剂有一定的减水作用，减缩剂在使用时等量替代用水量不会造成混凝土流动性显著变化，即在计算用水量时需扣除减缩剂的质量，同时加入消泡剂，用量为减缩剂质量的 2‰～5‰，混凝土含气量达到正常水平，混凝土抗压强度达到设计要求。

7. 混凝土防腐阻锈剂

常见问题 1：无机阻锈剂掺量高时影响混凝土工作性，加快新拌混凝土工作性损失。

原因分析：无机阻锈剂主要成分为亚硝酸盐会加速水泥水化，掺量高时促进水化比较明显，导致凝结过早，影响混凝土分散性。

解决对策：增加减水剂用量，适当加入缓凝剂调节凝结时间。

常见问题 2：有机阻锈剂在某些水泥体系中易导致混凝土混凝离析。

原因分析：有机阻锈剂掺量过高，影响混凝土气泡的稳定性，表面出现大泡较大，浆体的稳定性下降，在流动度过大时出现离析泌浆等问题。

解决对策：适当加入稳泡组分，避免大气泡冒出，保障浆体的稳定性。

常见问题 3：有机阻锈剂掺量过高，降低混凝土强度。

原因分析：有机阻锈剂主要为小分子醇胺与有机酸形成的羧酸盐，结构类似于离子型表面活性剂分子，在混凝土中掺量很高时表现出一定的表面活性，导致含气量增大，降低强度。

解决对策：根据混凝土配比及材料情况，结合实际需要通过加入醚类或酯类消泡剂进行含气量调控，保障强度。

8. 混凝土抗侵蚀抑制剂

常见问题 1：侵蚀抑制剂影响减水剂的分散，降低混凝土初始流动度。

原因分析：侵蚀抑制剂主要组分为长链脂肪酸，分子结构中具有吸附及络合能力的羧基基团，还具有较强的疏水性的非极性基团，容易与水化产物中的阳离子发生化学反应生成新的脂肪酸盐类疏水颗粒，该颗粒会吸附水化产物表面，破坏减水剂的分散状态，从而导致混凝土初始流动度损失。

解决对策：通过配方中加入快分散型减水剂组分，实现胶凝材料的快速分散，适当延长搅拌时间。

常见问题 2：部分水泥体系中侵蚀抑制剂会导致混凝土拌合物流动性随时间推迟反而增大的现象。

原因分析：由于侵蚀抑制剂具有一定的吸附及络合能力，同时由于其在混凝土中掺量较大，一般是减水剂用量的 4 倍左右，大量的掺入会优先吸附在水泥颗粒表面，影响减水剂的吸附。一般为了达到初始分散的效果，减水剂用量会多掺，后期随着抑制剂反应后，减水剂的吸附性能逐渐释放出来，从而导致混凝土拌合物坍落度反而增大。

解决对策：延长搅拌时间，降低减水剂用量。

常见问题 3：侵蚀抑制剂影响混凝土强度，特别是早期强的发展。

原因分析：侵蚀抑制剂为疏水性有机分子，能够吸附在水泥颗粒表面，一方面减缓水泥与水的接触，影响水泥的水化过程；另一方面水泥颗粒表面吸附的疏水层会导致水泥胶结性能下降，两方面作用导致混凝土早强强度发展较缓慢。

解决对策：适当调整水胶比和砂子用量，满足强度要求。

9. 膨胀剂

常见问题 1：掺氧化镁膨胀剂的混凝土的流动性变差、坍落度损失变大。

原因分析：氧化镁膨胀剂中单个氧化镁颗粒是由氧化镁微晶聚集而成；氧化镁颗粒是一种多孔材料，会吸附拌合水、混凝土减水剂等液体。在推广应用高活性氧化镁膨胀剂的过程中发现，氧化镁膨胀剂掺入混凝土时，获得相同坍落度时，会增加混凝土减水剂用量，且容易引起新拌混凝土的坍落度损失加快，严重时会使新拌混凝土在半个小时内失去流动性，难以满足正常施工的要求，严重影响了氧化镁膨胀剂的工程应用。水工混凝土中氧化镁膨胀剂的质量掺量一般在 4％左右，且水工混凝土一般为低坍落度混凝土。因此，在水工混凝土中氧化镁对混凝土的工作性影响较小。目前，随着技术进步及《混凝土用氧化镁膨胀剂应用技术规程》T/CECS 540—2018 的发布，氧化镁膨胀剂也开始在工业与民用建筑中广泛使用，且一般质量掺量都在 4%～8%。

解决对策：使用氧化镁膨胀剂时，需检测所需的特定活性反应时间的氧化镁对混凝土工作性的影响，增加减水剂和保坍剂的用量。一般情况，相同坍落度时减水剂用量相比基准混凝土提高 20%～50%。

常见问题 2：内掺膨胀剂（氧化钙类、钙矾石类、氧化镁类及其复合类膨胀剂等量取代胶凝材料）的混凝土自由试件 28d 龄期内的强度降低。

原因分析：①氧化钙类、钙矾石类膨胀剂替代胶凝材料后混凝土强度会降低。掺加膨胀剂的混凝土试件在标准养护过程中呈现为无限制的自由膨胀状态，氧化钙及钙矾石膨胀对水泥结构有微小破坏，该作用主要表现在 1～7d 龄期，所以 7d 抗压强度比空白混凝土下降 10% 左右属于正常现象。3～7d 龄期抗压强度大概降低 10%，28d 降低在 5% 内，龄期越长降低幅度越小。②氧化镁膨胀剂替代胶凝材料后混凝土强度会降低，掺大掺量（6%～8%）氧化镁膨胀剂的混凝土一般需要进行安定性实验，即混凝土的膨胀变形随着龄期增长必须收敛。

实际工程中，混凝土结构通常受到钢筋的内约束和相邻结构的外约束，混凝土的变形呈现为限制膨胀的状态。如混凝土侧墙受到先浇底板及两边侧墙的约束，其限制膨胀与试件的自由膨胀不同。试验表明，带模养护（钢模）的混凝土试件的抗压强度比不带模养护的混凝土试件高 10%～15%，因此，采用补偿收缩混凝土浇筑的实体结构强度通常不会明显降低，甚至还可能有所提升。

解决对策：需进行掺膨胀剂（氧化钙类、钙矾石类、氧化镁类及其复合类）的混凝土的强度试配试验，配合比设计时掺膨胀剂的补偿收缩混凝土自由试件需满足相应强度等级要求。

常见问题 3：掺氧化钙-硫铝酸钙类、钙矾石类膨胀剂的混凝土检测三氧化硫含量时极易出现超标问题。

原因分析：首先，氧化钙-硫铝酸钙类、钙矾石类膨胀剂的主要膨胀源之一是钙矾石。此类膨胀剂主要起作用的成分是石膏、硫铝酸钙等。氧化钙-硫铝酸钙类、钙矾石类膨胀剂的膨胀作用一般发生在早期 7d 龄期内，不会对混凝土后期安定性产生影响。其次，混凝土中控制三氧化硫的含量，主要是考虑混凝土安定性问题。因为过多石膏存在于混凝土中会引起后期钙矾石延迟膨胀反应，形成体积较大的矿物成分钙矾石，产生膨胀应力而造成安定性不良。膨胀剂掺入混凝土中，增加了混凝土中的三氧化硫含量，极易出现混凝土中三氧化硫超标问题。

解决对策：根据设计要求及三氧化硫含量要求，提前做好膨胀剂中三氧化硫含量的控制，尽量采用氧化钙组分含量高的膨胀剂。

10. 防冻剂

常见问题 1：采用滴定法检测防冻剂的氯离子含量有时会大幅度超标。

原因分析：当防冻剂中采用了非氯盐、但亦与银离子反应产生沉淀的早强组分时，采用滴定法检测氯离子时，会出现氯离子严重超标问题，而采用离子色谱法检测时氯离子含量满足标准要求，所以会误判氯离子含量超标。

解决对策：采用离子色谱法进行检测氯离子含量。

常见问题2：无机盐类防冻剂变温环境下储存稳定性不良，易变色、浑浊、分层、沉淀。

原因分析：①亚硝酸盐类防冻剂在酸性环境下具有强氧化性，比如亚硝酸盐防冻剂与弱酸性减水剂复配时，会使减水剂变色、浑浊。②硫酸盐类复配为液体防冻剂时，低温下溶解度太低，易析晶。③一些钙盐液体防冻剂稳定储存时间较短，储存较长时间会出现沉淀。

解决对策：优选品种和用量，根据储存环境、使用温度、各组分之间的理化影响，进行科学复配，科学储存。复合防冻剂需要进行低温稳定性储存试验。

常见问题3：防冻剂对混凝土引气剂气泡稳定性有影响。

原因分析：掺加防冻剂通常会降低混凝土含气量。乙二醇显著降低掺皂苷类引气剂的混凝土含气量的效果。钙盐类防冻剂显著降低掺苯磺酸盐类引气剂的混凝土含气量的效果。钙盐、硝酸盐和部分钠盐均降低了引气剂的起泡能力和气泡稳定性。

解决对策：①采用早强防冻剂与引气剂复配时，应进行混凝土试配，合理选用品种及用量。②应在防冻剂中添加引气组分增大混凝土中的含气量，为混凝土内部结冰产生的压力提供释放空间。

常见问题4：防冻剂常规掺量与降低冰点所需用量存在较大差距。

原因分析：乌拉尔定律解释了防冻剂降低冰点的原因，即防冻剂掺入增大了混凝土液相的摩尔质量浓度，降低了混凝土中液相的蒸汽压，导致液相冰点降低，使负温下混凝土中仍有液态水参与水泥水化。显著降低冰点一般需要较高的溶液浓度（一般＞10％用水量），一般远高于防冻剂的使用掺量（胶凝材料用量的1.5％～2.5％）。

解决对策：①根据理论，水泥水化所需用水量约为水泥的22％，一般低于配合比用水量，所以允许部分水先结冰，此时剩余未结冰溶液中的防冻剂浓度会随之上升，冰点会变得更低。②防冻剂中匹配合理用量的减水剂等可以改变水溶液结冰形态，降低结冰对混凝土的冻害，同时减水剂会降低用水量，间接提高溶液中防冻剂浓度，降低冰点。

常见问题5：掺加不同的防冻组分对混凝土坍落度有不同程度的影响。

原因分析：①硝酸盐类可稍微提高了拌合物的坍落度，但易增大坍落度经时损失；②氯盐在混凝土中形成了难溶于水的水化氯铝酸盐，可显著降低混凝土的坍落度，并且掺量越大，坍落度降低越明显；③甲醇、乙二醇、三乙醇胺等常用有机防冻组分均易降低坍落度，且增大坍落度经时损失，其中三乙醇胺的效果最明显。

解决对策：选用防冻剂时应进行试配验证，通过调整减水剂用量，来抵消防冻剂带来的不利影响。

防冻剂的未来发展趋势：开发有机物-无机物复合的液体防冻剂和有机物液体防冻剂，发展无氯、低碱、高效能、低掺量的液体防冻剂。全面考虑基团间的相互补充作用和化学基团的作用，采用物理复配和化学合成方法，以此来改善混凝土材料各种性能，增加混凝土与外加剂的微观相容性、宏观匹配性及混凝土的耐久性。

11. 絮凝剂

常见问题1：掺絮凝剂的混凝土拌合物凝结时间显著延长。

原因分析：絮凝剂的分子存在大量的类多糖结构，这是引起水泥缓凝的主要基团，它们能使水泥水化溶液中的钙离子生成糖钙分子化合物，降低了水泥水化诱导期的钙离子浓度，阻止氢氧化钙和钙盐晶体的生成析出，从而延缓了水泥水化的进程。

解决对策：使用絮凝剂时，减少或不掺加缓凝剂，可额外掺加促凝或早强组分。

常见问题 2：掺絮凝剂的混凝土拌合物含气量显著增加。

原因分析：絮凝剂分子同时具有亲水基团和憎水基团，是一种表面活性剂，具有表面活性，从而具有引气效应，而浆体黏度的增加使气泡排出的难度增大，导致含气量明显提高。

解决对策：使用絮凝剂时，通过使用消泡剂对混凝土含气量进行控制，使其满足规范要求。

常见问题 3：掺絮凝剂的混凝土拌合物黏度大、流速慢、泵送阻力大。

原因分析：掺入絮凝剂后混凝土的流变参数塑性黏度和屈服应力均显著提高。

解决对策：掺加高性能减水剂、优质粉煤灰、微珠等组分降低混凝土屈服应力。

2.5　其他原材料

2.5.1　拌合与养护用水

水是混凝土不可缺少、不可替代的主要组分之一，直接影响混凝土拌合物的性能，如力学性能、长期性能和耐久性能。饮用水（一般理解为城镇自来水）无须鉴定，其他用水经检测合格后才能使用。如果拌合水的杂质含量过高，不仅会影响混凝土的凝结时间和强度，还有可能导致混凝土返碱、发花，严重的还会导致钢筋锈蚀、安定性差，并降低混凝土结构的耐久性。因此，对拌合用水要严格控制氯化物、硫化物、碱金属和不溶性固体的含量。

全文强制国家标准《混凝土结构通用规范》GB 55008—2021 规定拌合用水应控制 pH 值、硫酸根离子含量、氯离子含量、不溶物含量、可溶物含量；当混凝土骨料具有碱活性时，还应控制碱含量；地表水、地下水、再生水在首次使用前应检测放射性。

1. 相关标准

JGJ 63—2006 混凝土用水标准

2. 要求

（1）混凝土用水分类

混凝土拌合用水和混凝土养护用水总称为混凝土用水，根据《混凝土用水标准》JGJ 63—2006，混凝土用水包括：饮用水、地表水、地下水、再生水、混凝土企业设备洗刷水和海水等。其中，地表水是指存在于江、河、湖、塘、沼泽及冰川等中的水，地下水是指存在于岩石缝隙或土壤孔隙中可以流动的水，再生水是指污水经适当再生工艺处理后具有使用功能的水，地表水、地下水、再生水的放射性应符合现行国家标准《生活饮用水卫生标准》GB 5749 的规定。

（2）混凝土用水的技术要求

1）混凝土拌合用水

混凝土拌合用水水质应符合表 2-88 的规定。对于设计使用年限为 100 年的结构混凝土，氯离子含量不得超过 500mg/L；对使用钢丝或经热处理钢筋的预应力混凝土，氯离子含量不得超过 350mg/L。对耐久性有要求时，氯离子含量控制更加严格，因此，严禁在钢筋混凝土和预应力混凝土工程使用海水。

混凝土拌合用水水质要求

表 2-88

序号	项目	预应力混凝土	钢筋混凝土	素混凝土
1	pH	$\geqslant 5.0$	$\geqslant 4.5$	$\geqslant 4.5$
2	不溶物(mg/L)	$\leqslant 2000$	$\leqslant 2000$	$\leqslant 5000$
3	可溶物(mg/L)	$\leqslant 2000$	$\leqslant 5000$	$\leqslant 10000$
4	Cl^-(mg/L)	$\leqslant 500$	$\leqslant 1000$	$\leqslant 3500$
5	SO_4^{2-}(mg/L)	$\leqslant 600$	$\leqslant 2000$	$\leqslant 2700$
6	碱含量(mg/L)	$\leqslant 1500$	$\leqslant 1500$	$\leqslant 1500$

注：碱含量按 $Na_2O+0.658K_2O$ 计算值来表示。采用非碱活性骨料时，可不检验碱含量。

被检水样应与饮用水样进行水泥凝结时间和水泥胶砂强度对比试验。对比试验的水泥初凝时间差及终凝时间差均不应大于 30min；被检验水样配制的水泥胶砂 3d 和 28d 强度不应低于饮用水配制的水泥胶砂 3d 和 28d 强度的 90%。

混凝土企业设备洗刷水不宜用于预应力混凝土、装饰混凝土、加气混凝土和暴露于腐蚀环境的混凝土，不得用于使用碱活性或潜在碱活性骨料的混凝土。

混凝土拌合用水不应有漂浮明显的油脂和泡沫，不应有明显的颜色和异味。

未经处理的海水严禁用于钢筋混凝土和预应力混凝土。

需要对上述指标要求作进一步解释说明的是：

① 试验证明，水的 pH 约为 4.0 时，对水泥凝结时间和胶砂强度影响不大，但是对混凝土的耐久性可能造成影响，因此，规定各类水的 pH 不应小于 4.5，有益于混凝土的耐久性；而对于预应力混凝土和喷射混凝土用水的 pH 不应小于 5.0，否则会影响到混凝土的施工性能。

② 不溶物含量限值主要是限制水中泥土、悬浮物等物质，当这类物质含量较高时，会影响混凝土质量，但控制在水泥含量的 1‰ 以内，影响较小。可溶物含量限值主要是限制水中各类盐的重量，从而限制水中各类离子对混凝土性能的影响。

③ 氯离子会引起钢筋锈蚀，硫酸根离子会与水泥水化产物反应，进而影响混凝土的体积稳定性，对钢筋也有腐蚀作用。

④ 限制混凝土用水中的碱含量，是为了避免发生碱骨料反应。特别是混凝土生产企业设备洗刷水的 $Ca(OH)_2$ 含量较高，pH 可达 12 左右，若沉淀不足会含有细颗粒，水中的有害物质会影响混凝土性能。

⑤ 采用油污染的水和泡沫明显的水会影响混凝土性能；采用有明显颜色的水会影响混凝土质量，采用异味的水会影响环境。

⑥ 海水中含盐量较高，可超过 30000mg/L，尤其是氯离子含量高，可超过 15000mg/L。高含盐量会影响混凝土性能，尤其会严重影响混凝土的耐久性，例如，高氯离子含量会导致混凝土中钢筋锈蚀，使结构物破坏，因此，海水严禁用于钢筋混凝土和预应力混凝土。

2) 混凝土养护用水

混凝土养护用水可不检验不溶物、可溶物，水泥凝结时间和水泥胶砂强度。其他指标应符合表 2-89 的规定。

混凝土养护用水水质要求　　　　　表 2-89

序号	项目	预应力混凝土	钢筋混凝土	素混凝土
1	pH 值	≥5.0	≥4.5	≥4.5
2	Cl^- (mg/L)	≤500	≤1000	≤3500
3	SO_4^{2-} (mg/L)	≤600	≤2000	≤2700
4	碱含量(mg/L)	≤1500	≤1500	≤1500

注：碱含量按 $Na_2O+0.658K_2O$ 计算值来表示。采用非碱活性骨料时，可不检验碱含量。

3. 常见问题及原因

在实际工程建设中，混凝土拌合用水的质量往往被忽视，各种未经检验的水被大量用于混凝土拌合，而所造成的影响特别是对耐久性的影响难以测定。混凝土搅拌站作为用水大户，在冲洗、搅拌、运输、清洗泵送设备及场地时会产生大量的废水，对环境造成较大的污染。因此，将搅拌站废水经过一定的处理后与自来水混合作为混凝土的拌合用水，回用于搅拌站，是解决废水浪费和水资源匮乏矛盾的重要手段。研究发现，不同浓度及不同掺量的混凝土搅拌站废水对水泥标准稠度用水量、凝结时间和胶砂强度的影响不同，对不同强度等级混凝土工作性能和力学性能影响规律有所不同，对混凝土抗渗性能和抗裂性能等耐久性亦有不同的影响，但是现有标准中没有对搅拌站废水进行浓度和替代量的限制。

案例：卡普斯浪河温泉水利枢纽工程

问题描述：卡普斯浪河温泉水利枢纽工程施工现场共布置 2 座混凝土拌和系统，在混凝土拌和过程中会产生部分废水，同时在每班末对混凝土转筒和料罐的冲洗也会产生大量碱性废水，混凝土拌和废水排放率约为 40%，就地排放会对土壤与地表植被产生严重影响。

解决对策：考虑将 1♯、2♯ 拌和站废水进行回收利用，重新用于混凝土拌和中。混凝土拌和废水具有瞬时排放量大、悬浮物浓度高的特点，因此选用在调节池通过沉淀＋砂滤工艺进行初步处理，去除大部分悬浮物后，进入絮凝沉淀池进一步处理，最后出水进入蓄水池。砂滤滤料采用砂石料加工系统的骨料，滤料须及时更换，以免堵塞。絮凝沉淀池底泥与废滤料一起运至弃渣场填埋处理。

2.5.2　纤维

1. 相关标准

GB/T 21120—2018 水泥混凝土和砂浆用合成纤维
JGJ/T 221—2010 纤维混凝土应用技术规程

2. 要求

（1）纤维的分类

纤维的分类见表 2-90。

纤维的分类　　　　　表 2-90

按材料分	金属纤维
	有机纤维
	无机非金属纤维
按弹性模量分	高弹性模量纤维
	低弹性模量纤维

续表

按纤维长度分	非连续短纤维
	连续的长纤维
按外形分	单丝纤维
	束状纤维
	膜裂网状纤维
	粗纤维

其中金属纤维以钢纤维为代表。钢纤维是由细钢丝切断、薄钢片切削、钢锭铣削或由熔钢抽取等方法制成的纤维。钢纤维包括碳钢纤维、低合金钢纤维或不锈钢纤维。钢纤维的形状可为平直形或异形，异形钢纤维又可为压痕形、波形、端钩形、大头形和不规则麻面形等。钢纤维适用于：公路和城市道路桥面、工业建筑地面、刚性防水屋面、结构受弯构件、铁路轨枕、局部增强预制桩、抗震框架节点。

有机纤维以高分子合成纤维为代表。合成纤维按材料组成分为聚丙烯纤维（代号PP）、聚丙烯腈纤维（代号PAN）、聚酰胺纤维（代号PA）、聚乙烯醇纤维（代号PVA）、聚甲醛纤维（代号POM）。用于砂浆和混凝土中的聚酰胺纤维主要有尼龙6和尼龙66两种纤维。按外形粗细分为单丝纤维（代号M）、膜裂网状纤维（代号S）和粗纤维（代号T）。按用途分为用于混凝土的防裂抗裂纤维（代号HF）和增韧纤维（代号HZ）、用于砂浆的防裂抗裂纤维（代号SF），适用于砂浆增强材料、腻子、地下混凝土结构、大体积混凝土、混凝土路面和桥面。

无机非金属纤维以玄武岩纤维为代表。玄武岩纤维指的是天然玄武岩石料在在1450～1500℃熔融后，通过高速拉制而成的纤维。

此外，混凝土工程中也可采用多种、多尺寸、多形状的纤维进行混杂使用，以充分发挥纤维在混凝土中的作用。

（2）纤维的技术要求

1）合成纤维

《水泥混凝土和砂浆用合成纤维》GB/T 21120—2018规定了水泥混凝土和砂浆用合成纤维的术语和定义、分类、要求、试验方法、检验规则、标志、出厂、包装、运输、储存等。本标准适用于水泥混凝土和砂浆用合成纤维，不适用于聚酯类纤维。

外观：合成纤维外观色泽应均匀、表面无污染。

尺寸：合成纤维的公称长度和当量直径偏差应在其相对量的10%之内。当量直径变异系数要求不超过25%。

含水量：合成纤维的含水率不得大于2.0%。

合成纤维的规格根据需要确定，表2-91为合成纤维的规格范围。

合成纤维的规格 表2-91

外形分类	公称长度（mm）		当量直径（μm）
	用于水泥砂浆	用于水泥混凝土	
单丝纤维	3～20	4～40	5～100
膜裂网状纤维	5～20	15～40	—
粗纤维	—	10～65	＞100

注：经供需双方协商，可生产其他规格的合成纤维。

合成纤维的性能指标应符合表 2-92 的要求。

合成纤维的性能指标　　　　　　表 2-92

项目		用于混凝土的合成纤维		用于砂浆的合成纤维
		防裂抗裂纤维（HF）	增韧纤维（HZ）	防裂抗裂纤维（SF）
单丝纤维膜裂网状纤维	断裂强度（MPa）	≥350	≥500	≥270
	初始模量（MPa）	≥3.0×10³	≥5.0×10³	≥3.0×10³
	断裂伸长率（%）	≤40	≤30	≤50
	耐碱性能（极限拉力保持率，%）	≥95.0		
粗纤维	断裂强度（MPa）	—	≥400	—
	初始模量（MPa）	—	≥5.0×10³	—
	断裂伸长率（%）	—	≤30	—
	耐碱性能（极限拉力保持率，%）	≥95.0		

2）钢纤维

《纤维混凝土应用技术规程》JGJ/T 221—2010 适用于钢纤维混凝土和合成纤维混凝土的配合比设计、施工、质量检验和验收。

钢纤维的几何参数宜符合表 2-93 的规定。

钢纤维的几何参数　　　　　　表 2-93

用途	长度（mm）	直径（当量直径，mm）	长径比
一般浇筑钢纤维混凝土	20～60	0.3～0.9	30～80
钢纤维喷射混凝土	20～35	0.3～0.8	30～80
钢纤维混凝土抗震框架节点	35～60	0.3～0.9	50～80
钢纤维混凝土铁路轨枕	30～35	0.3～0.6	50～70
层布式钢纤维混凝土复合路面	30～120	0.3～1.2	60～100

钢纤维抗拉强度等级及其抗拉强度应符合表 2-94 的规定。

钢纤维抗拉强度等级及其抗拉强度　　　　　　表 2-94

钢纤维抗拉强度等级	抗拉强度（MPa）	
	平均值	最小值
380 级	600＞R≥380	342
600 级	1000＞R≥600	540
1000 级	R≥1000	900

钢纤维弯折性能的合格率不应低于 90%；钢纤维尺寸偏差的合格率不应低于 90%；异形钢纤维形状合格率不应低于 85%；样本平均根数与标称根数的允许误差应为 ±10%；钢纤维杂质含量不应超过钢纤维质量的 1.0%。

3. 常见问题及原因

（1）常见问题及原因

1）合成纤维的加入可能影响混凝土拌合物性能，对混凝土力学性能的提高有限，且合成纤维抗老化、耐碱性能较差。合成纤维有一定的抗拉强度，可三维乱向分布于混凝土基体中，起到一定的增强作用。但合成纤维密度小、单丝直径较小，容易结团、不易分散，影响混凝土拌合物的性能。此外，与钢纤维相比，合成纤维的抗拉强度较低，在使用过程中其破坏形态主要是纤维被拉断，对混凝土力学性能的提高有限。合成纤维由于其自身的化学成分，不易抗老化和耐碱。

2）钢纤维的加入可能导致混凝土和易性变差，导致泵送困难、难以施工；并且钢纤维易锈蚀。钢纤维密度大、直径较大，在施工振捣时，钢纤维可能会沉于混凝土下部，导致钢纤维均匀分布难度大，影响混凝土拌合物性能；钢纤维保存不当或暴露于混凝土外表面容易发生锈蚀，使用镀铜钢纤维可以减轻钢纤维锈蚀情况。

（2）案例

工程概况：某工程总建筑面积 19131m²，全长约 130m。结合城市规划及消防的要求，按功能的要求分成 6 个防火分区，防火分区之间采用防火墙分隔，柱距为 36×9m，为钢结构屋面，平均每个区的面积达 3000m²，浇筑混凝土采用拖式地泵输送钢纤维混凝土，施工过程中出现了泵管堵塞问题，为排除堵管故障，后面的混凝土罐车在工地等待时间过长，混凝土坍落度损失大，又造成混凝土难以泵送，如此往复产生"恶性循环"。

解决对策：钢纤维混凝土的搅拌在拌合物中加入的钢纤维应充分分散均匀，才能发挥钢纤维在混凝土中的增强作用。为了提高分散性，在投放钢纤维时，应注意分散布料，不可一次性在同一部位大量投料；另外，钢纤维混凝土的振捣时间要较普通混凝土的振捣时间有所延长。

第3章　混凝土生产、施工及评价

3.1　混凝土的生产

3.1.1　相关标准

1. 配合比设计标准

JGJ 55—2011 普通混凝土配合比设计规程

2. 设备及生产标准

GB 8978—1996 污水综合排放标准

GB/T 9142—2021 混凝土搅拌机

GB 12348—2008 工业企业厂界环境噪声排放标准

GB 16297—1996 大气污染物综合排放标准

GB/T 10171—2016 建筑施工机械与设备混凝土搅拌站（楼）

GBZ 2.1—2019 工作场所有害因素职业接触限值　第1部分：化学有害因素

GBZ 2.2—2019 工作场所有害因素职业接触限值　第2部分：物理因素

JGJ/T 328—2014 预拌混凝土绿色生产及管理技术规程

HJ/T 412—2007 环境标志产品技术要求预拌混凝土

AQ/T 9006—2010 企业安全生产标准化基本规范

3. 混凝土产品标准

GB/T 14902—2012 预拌混凝土

GB/T 41054《高性能混凝土技术条件》

4. 应用、质量控制与检验标准

GB/T 50080—2016 普通混凝土拌合物性能试验方法标准

GB/T 50081—2019 混凝土物理力学性能试验方法标准

GB/T 50082—2009 普通混凝土长期性能和耐久性能试验方法标准

GB/T 50107—2010 混凝土强度检验评定标准

JGJ/T 193—2009 混凝土耐久性检验评定标准

JGJ 206—2010 海砂混凝土应用技术规范

JTJ 270—1998 水运工程混凝土试验规程

5. 评价标准

绿色建材评价技术导则（试行）

JGJ/T 328—2014 预拌混凝土绿色生产及管理技术规程

JGJ/T 385—2015 高性能混凝土评价标准

T/CBMF 27—2018 预拌混凝土低碳产品评价方法及要求

T/CECS 10047—2019 绿色建材评价 预拌混凝土

3.1.2 配合比设计原则

混凝土配合比是生产、施工的关键环节之一，对于保证混凝土质量和节约资源具有重要意义。混凝土配合比设计应当从以强度为准则转变到强度、耐久性能并重的原则上来。

在《普通混凝土配合比设计规程》JGJ 55—2011 的基础上，《高性能混凝土技术条件》GB/T 41054—2021 提出了一般环境、冻融环境、氯化物环境和化学腐蚀环境下，混凝土的耐久性能要求和配合比参数建议。

一般环境下高性能混凝土配合比设计时主要考虑抗水渗透和抗碳化性能，一般要求水胶比较低，并且具有足够的浆体量，但对于抗碳化性能，还取决于胶凝材料的组成。

冻融环境下高性能混凝土配合比设计时主要考虑抗冻性能。为提高混凝土抗冻性能，需要在混凝土中掺加引气剂。胶凝材料用量比较充分，浆体也相对比较充分时，混凝土易于引气，含气量也相对比较稳定，有利于抗冻；但引气会降低混凝土强度，可适当降低水胶比，以保证强度。此外，抗冻性能，还取决于矿物掺合料种类及掺量。

氯化物环境下高性能混凝土配合比设计时主要考虑抗氯离子渗透性能。提高混凝土抗氯离子渗透要求混凝土具有更高的密实度，因此要求水胶比更低。同时，为了保证混凝土泵送施工，混凝土浆体量需要比较充足，因此胶凝材料用量不宜太少。此外，还需加入一定量的硅灰等具有二次水化效应的矿物掺合料，以提高混凝土的抗氯离子渗透性能。

化学腐蚀环境下高性能混凝土配合比设计时除应提高混凝土密实性外，还应考虑抗化学腐蚀性能，应当减少混凝土中参与化学反应和易于溶出的成分，在低水胶比、胶凝材料比较充足的情况下，宜掺加较多矿物掺合料。硫酸盐腐蚀环境下，应考虑适当引气，并慎重和避免使用含有碳酸盐的粉体材料。

与此同时，需要注意的是，混凝土配合比设计应当与原材料品质紧密相关，以骨料为例：

（1）高性能混凝土配合比设计应重视骨料的品质和骨料体系的设计，在满足拌合物性能和施工要求的情况下，宜尽量增加粗骨料用量，并设计较低的拌合物流动性。

（2）随着机制砂的推广应用，应当充分注意机制砂的特性：机制砂的级配与天然砂有着显著不同，存在两头多、中间少的现象，因此应当重视机制砂级配对混凝土拌合物性能的影响；机制砂中含有一定量的石粉，如果仅将石粉作为机制砂的一部分来计算砂率等配合比设计参数，而不考虑石粉实际发挥的粉体作用，则会发生不同石粉含量情况下，即使同一配合比，实际水胶比和砂率存在明显不同，从而导致混凝土性能的波动。

3.1.3 生产与质量检验

1. 混凝土的生产

《混凝土质量控制标准》GB 50164—2011 中规定：混凝土生产控制水平可按强度标准差（σ）和实测强度达到强度标准值组数的百分率（P）表征。混凝土强度标准差见表 3-1，P 不应小于 95%。

混凝土强度标准差（MPa）　表 3-1

生产场所	强度标准差 σ		
	＜C20	C20～C40	≥C45
预拌混凝土搅拌站 预制混凝土构件厂	≤3.0	≤3.5	≤4.0
施工现场搅拌站	≤3.5	≤4.0	≤4.5

2. 预拌混凝土生产质量控制

《混凝土质量控制标准》GB 50164—2011 对预拌混凝土生产质量控制包括原材料进场、计量、质量检验等相关要求做了相关规定。

（1）预拌混凝土生产用原材料控制

混凝土原材料进场时，供方应按规定批次向需方提供质量证明文件。质量证明文件应包括型式检验报告、出厂检验报告与合格证等，外加剂产品还应提供使用说明书。

（2）预拌混凝土生产用计量设备

原材料计量宜采用电子计量设备。计量设备的精度应符合现行国家标准《混凝土搅拌站（楼）》GB/T 10171 的有关规定，应具有法定计量部门签发的有效检定证书，并应定期校验。混凝土生产单位每月应至少自检一次，每一工作班开始前，应对计量设备进行零点校准。

原材料计量的允许偏差不应大于表 3-2 的规定，并应每班检查 1 次。

混凝土原材料计量的允许偏差（按质量计，%）　表 3-2

原材料种类	每盘计量允许偏差	累计计量允许偏差
水泥	±2	±1
骨料	±3	±2
水	±1	±1
外加剂	±1	±1
掺合料	±2	±1

混凝土搅拌机应符合现行国家标准《混凝土搅拌机》GB/T 9142 的有关规定。混凝土搅拌宜采用强制式搅拌机。原材料投料方式应满足混凝土搅拌技术要求和混凝土拌合物质量要求。依据《混凝土质量控制标准》GB 50164—2011 的规定：混凝土搅拌的最短时间可按表 3-3 采用；当搅拌高强混凝土时，搅拌时间应适当延长；采用自落式搅拌机时，搅拌时间宜延长 30s。对于双卧轴强制式搅拌机，可在保证搅拌均匀的情况下适当缩短搅拌时间。混凝土搅拌时间应每班检查 2 次。

混凝土搅拌的最短时间（s）　表 3-3

混凝土坍落度（mm）	搅拌机机型	搅拌机出料量（L）		
		＜250	250～500	＞500
≤40	强制式	60	90	120
＞40 且＜100	强制式	60	60	90
≥100	强制式	60		

注：混凝土搅拌的最短时间系指全部材料装入搅拌筒中起，到开始卸料止的时间。

冬期施工搅拌混凝土时，《混凝土质量控制标准》GB 50164—2011 中规定宜优先采用加热水的方法提高拌合物温度，也可同时采用加热骨料的方法提高拌合物温度。当拌合用水和骨料加热时，拌合用水和骨料的加热温度不应超过表 3-4 的规定；当骨料不加热时，拌合用水可加热到 60℃以上。应先投入骨料和热水进行搅拌，然后再投入胶凝材料等共同搅拌。

拌合用水和骨料的最高加热温度（℃）　　　　　　　　　表 3-4

采用的水泥品种	拌合用水	骨料
硅酸盐水泥和普通硅酸盐水泥	60	40

混凝土拌合物出现下列情况之一，按不合格处理：

1）混凝土拌合物在出站前经检测不满足要求，包括但不限于：坍落度偏大或偏小，离析，泌水，和易性不满足要求。

2）混凝土拌和配料时，任意一种材料计量失控或漏配。

3）混凝土拌合物在现场经检测不满足性能要求。

混凝土拌合物从搅拌机卸出至施工现场接收的时间间隔不宜大于 90min。当最高气温低于 25℃时，运送时间可延长 0.5h。如需延长运送时间，则应采取相应的技术措施，并应通过试验验证。

根据《混凝土结构工程施工质量验收规范》GB 50204—2015 要求，混凝土的运输、浇筑及间歇的全部时间不得超过混凝土的初凝时间。

高温天气或冬季施工时应避免天气、气温等因素的影响，采取遮盖或保温措施。

混凝土运输车在运输过程中如果出现故障，必须及时对混凝土进行应急处理。超过混凝土初凝时间按报废处理。

3. 混凝土质量检验要求

（1）混凝土原材料质量检验

依据《混凝土质量控制标准》GB 50164—2011 的规定，混凝土原材料进场时应进行检验，检验样品应随机抽取。

混凝土原材料的检验批量应符合下列规定：

1）散装水泥应按每 500t 为一个检验批；袋装水泥应按每 200t 为一个检验批；粉煤灰或粒化高炉矿渣粉等矿物掺合料应按每 200t 为一个检验批；硅灰应按每 30t 为一个检验批；砂、石骨料应按每 400m³ 或 600t 为一个检验批；依据《混凝土质量控制标准》GB 50164—2011 的规定，针对现浇混凝土外加剂应按每 50t 为一个检验批，依据《装配式混凝土建筑技术标准》GB/T 51231—2016，针对预制构件混凝土用减水剂，同一厂家、同一品种的减水剂，掺量大于 1%（含 1%）产品不超过 100t 为一批，掺量小于 1% 的产品不超过 50t 为一批；水应按同一水源不少于一个检验批。

2）当符合下列条件之一时，可将检验批量扩大一倍：

① 对经产品认证机构认证符合要求的产品。

② 来源稳定且连续三次检验合格。

③ 同一厂家的同批出厂材料，用于同时施工且属于同一工程项目的多个单位工程。

3）不同批次或非连续供应的不足一个检验批量的混凝土原材料应作为一个检验批。

（2）混凝土拌合物性能检验

在生产施工过程中，应在搅拌地点和浇筑地点分别对混凝土拌合物进行抽样检验，混凝土拌合物的检验应符合现行国家标准《混凝土质量控制标准》GB 50164 的规定。

混凝土拌合物的检验频率应符合下列规定：

1）混凝土坍落度取样检验频率应符合现行国家标准《混凝土强度检验评定标准》GB/T 50107 的有关规定。

2）同一工程、同一配合比、采用同一批次水泥和外加剂的混凝土的凝结时间应至少检验 1 次。

3）同一工程、同一配合比的混凝土拌合物和水溶性的氯离子含量应至少检验 1 次；同一工程、同一配合比和采用同一批次海砂的混凝土的氯离子含量应至少检验 1 次。

混凝土拌合物性能应符合下述"（3）混凝土拌合物性能要求"的规定。

4）推荐混凝土拌合物取样频次

对 C15～C60 标号预拌混凝土月度取样频次分别进行统计，所有标号预拌混凝土取样频次为 150m³/次，相同配合比混凝土达不到 150m³ 时应按 150m³ 计。

（3）混凝土拌合物性能要求

混凝土拌合物性能应满足设计和施工要求。混凝土拌合物性能试验方法应符合现行国家标准《普通混凝土拌合物性能试验方法标准》GB/T 50080 的有关规定。

混凝土拌合物的稠度可采用坍落度、维勃稠度或扩展度表示。坍落度检验适用于坍落度不小于 10mm 的混凝土拌合物，维勃稠度检验适用于维勃稠度 5～30s 的混凝土拌合物，扩展度适用于高流态的混凝土和自密实混凝土。坍落度、维勃稠度和扩展度的等级划分及其稠度允许偏差应分别符合表 3-5、表 3-6、表 3-7 和表 3-8 的规定。

混凝土拌合物的坍落度等级划分　　表 3-5

等级	坍落度（mm）
S1	10～40
S2	50～90
S3	100～150
S4	160～210
S5	≥220

混凝土拌合物的维勃稠度等级划分　　表 3-6

等级	维勃稠度（s）
V0	≥31
V1	30～21
V2	20～11
V3	10～6
V4	5～3

混凝土拌合物的扩展度等级划分　　表 3-7

等级	扩展直径（mm）
F1	≤340
F2	350～410

续表

等级	扩展直径（mm）
F3	420～480
F4	490～550
F5	560～620
F6	≥630

混凝土拌合物稠度允许偏差　　　　　　　　　　　表 3-8

拌合物性能		允许偏差		
坍落度（mm）	设计值	≤40	50～90	≥100
	允许偏差	±10	±20	±30
维勃稠度（s）	设计值	≥11	10～6	≤5
	允许偏差	±3	±2	±1
扩展度（mm）	设计值	≥350		
	允许偏差	±30		

混凝土拌合物中水溶性氯离子最大含量应符合表 3-9 的要求。混凝土拌合物中水溶性氯离子含量应按现行行业标准《水运工程混凝土试验规程》JTJ 270 中混凝土拌合物中氯离子含量的快速测定方法或其他准确度更好的方法进行测定。

混凝土拌合物中水溶性氯离子最大含量（水泥用量的质量百分比,%）　　表 3-9

环境条件	水溶性氯离子最大含量		
	钢筋混凝土	预应力混凝土	素混凝土
干燥环境	0.30		
潮湿但不含氯离子的环境	0.20	0.06	1.00
潮湿且含有氯离子的环境、盐渍土环境	0.10		
除冰盐等侵蚀性物质的腐蚀环境	0.06		

全文强制国家标准《混凝土结构通用规范》GB 55008—2021 规定的结构混凝土中水溶性氯离子最大含量不应超过表 3-10 规定。计算水溶性氯离子最大含量时，辅助胶凝材料的量不应大于硅酸盐水泥的量。值得注意的时，除水溶性氯离子含量限值与《混凝土质量控制标准》GB 50164—2011、《预拌混凝土》GB/T 14902—2012 有差异外，氯离子的计算方法也存在差异。

结构混凝土中水溶性氯离子最大含量　　　　　　　表 3-10

环境条件	水溶性氯离子最大含量（按胶凝材料用量的质量百分比计,%）	
	钢筋混凝土	预应力混凝土
干燥环境	0.30	
潮湿但不含氯离子的环境	0.20	0.06
潮湿且含有氯离子的环境	0.15	
除冰盐等侵蚀性物质的腐蚀环境、盐渍土环境	0.10	

掺用引气剂或引气型外加剂混凝土拌合物的含气量宜符合表 3-11 的规定。

混凝土含气量	表 3-11
粗骨料最大公称粒径（mm）	混凝土含气量（%）
20	≤5.5
25	≤5.0
40	≤4.5

（4）硬化混凝土性能检验

混凝土性能检验应符合下列规定：

1）强度检验评定应符合现行国家标准《混凝土强度检验评定标准》GB/T 50107 的有关规定，其他力学性能检验应符合设计要求和有关标准的规定。

2）耐久性能检验评定应符合现行行业标准《混凝土耐久性检验评定标准》JGJ/T 193 的有关规定。

3）长期性能检验规则可按现行行业标准《混凝土耐久性检验评定标准》JGJ/T 193 中耐久性检验的有关规定执行。

4）力学性能要求

混凝土的力学性能应满足设计和施工的要求。混凝土力学性能试验方法应符合现行国家标准《普通混凝土力学性能试验方法标准》GB/T 50081 的有关规定。

5）长期性能和耐久性能

混凝土的长期性能和耐久性能应符合现行国家标准《混凝土质量控制标准》GB 50164 的相关规定，并应满足设计要求。试验方法应符合现行国家标准《普通混凝土长期性能和耐久性能试验方法标准》GB/T 50082 的有关规定。

混凝土的抗冻性能、抗水渗透性能和抗硫酸盐侵蚀性能的等级划分应符合表 3-12 的规定。

混凝土抗冻性能、抗水渗透性能和抗硫酸盐侵蚀性能的等级划分				表 3-12
抗冻等级（快冻法）	抗冻标号（慢冻法）	抗渗等级	抗硫酸盐等级	
F50	F250	D50	P4	KS30
F100	F300	D100	P6	KS60
F150	F350	D150	P8	KS90
F200	F400	D200	P10	KS120
>F400		>D200	P12	KS150
			>P12	>KS150

混凝土抗氯离子渗透性能的等级划分应符合下列规定：

① 当采用氯离子迁移系数（RCM 法）划分混凝土抗氯离子渗透性能等级时，应符合表 3-13 的规定，且混凝土龄期应为 84d。

混凝土抗氯离子渗透性能的等级划分（RCM 法）					表 3-13
等级	RCM-Ⅰ	RCM-Ⅱ	RCM-Ⅲ	RCM-Ⅳ	RCM-Ⅴ
氯离子迁移系数 D_{RCM}（RCM 法）（$\times 10^{-12} \text{m}^2/\text{s}$）	$D_{RCM} \geq 4.5$	$3.5 \leq D_{RCM} < 4.5$	$2.5 \leq D_{RCM} < 3.5$	$1.5 \leq D_{RCM} < 2.5$	$D_{RCM} < 1.5$

② 当采用电通量划分混凝土抗氯离子渗透性能等级时，应符合表 3-14 的规定，且混凝土龄期宜为 28d。当混凝土中水泥混合材与矿物掺合料之和超过胶凝材料用量的 50% 时，测试龄期可为 56d。

混凝土抗氯离子渗透性能的等级划分（电通量法）　　　　　表 3-14

等级	Q-Ⅰ	Q-Ⅱ	Q-Ⅲ	Q-Ⅳ	Q-Ⅴ
电通量 Q_S（C）	$Q_S \geqslant 4000$	$2000 \leqslant Q_S < 4000$	$1000 \leqslant Q_S < 2000$	$500 \leqslant Q_S < 1000$	$Q_S < 500$

混凝土抗碳化性能等级划分应符合表 3-15 的规定。

混凝土抗碳化性能的等级划分　　　　　表 3-15

等级	T-Ⅰ	T-Ⅱ	T-Ⅲ	T-Ⅳ	T-Ⅴ
碳化深度 d（mm）	$d \geqslant 30$	$20 \leqslant d < 30$	$10 \leqslant d < 20$	$0.1 \leqslant d < 10$	$d < 0.1$

混凝土早期抗裂性能等级划分应符合表 3-16 的规定。

混凝土早期抗裂性能的等级划分　　　　　表 3-16

等级	L-Ⅰ	L-Ⅱ	L-Ⅲ	L-Ⅳ	L-Ⅴ
单位面积上的总开裂面积 C（mm²/m²）	$C \geqslant 1000$	$700 \leqslant C < 1000$	$400 \leqslant C < 700$	$100 \leqslant C < 400$	$C < 100$

混凝土耐久性能应按现行行业标准《混凝土耐久性检验评定标准》JGJ/T 193 的有关规定进行检验评定，并应合格。

（5）预拌混凝土质量评定

为了统一混凝土强度的检验评定方法，保证混凝土强度符合混凝土工程质量的要求，《混凝土强度检验评定标准》GB 50107—2010 规定了混凝土强度的检验评定方法。

混凝土的强度等级应按立方体抗压强度标准值划分。混凝土强度等级应采用符号"C"与立方体抗压强度标准值（以 N/mm² 计）表示。

立方体抗压强度标准值应为按标准方法制作和养护的边长为 150mm 的立方体试件，用标准试验方法在 28d 龄期测得的混凝土抗压强度总体分布中的一个值，强度低于该值的概率应为 5%。

混凝土强度应分批进行检验评定。一个检验批的混凝土应由强度等级相同、试验龄期相同、生产工艺条件和配合比基本相同的混凝土组成。

对大批量、连续生产的混凝土强度应按《混凝土强度检验评定标准》GB 50107—2010 规定的统计方法评定。对小批量或零星生产的混凝土强度应按《混凝土强度检验评定标准》GB 50107—2010 规定的非统计方法评定。

1）预拌混凝土强度评定

当连续生产的混凝土，生产条件在较长时间内能保持一致，且同一品种、同一强度等级混凝土的强度变异性保持稳定时，应按统计方法评定。采用统计方法评定时，应按下列规定进行：

一个检验批的样本容量应为连续的 3 组试件，其强度应同时符合下列规定：

$$m_{f_{cu}} \geqslant f_{cu,k} + 0.7\sigma_0 \tag{3-1}$$

$$f_{cu,min} \geqslant f_{cu,k} - 0.7\sigma_0 \tag{3-2}$$

检验批混凝土立方体抗压强度的标准差应按下式计算：

$$\sigma_0 = \sqrt{\frac{\sum\limits_{i-1}^{n} f_{cu,i}^2 - nm_{f_{cu}}^2}{n-1}} \tag{3-3}$$

当混凝土强度等级不高于 C20 时，其强度的最小值应满足下式要求：

$$f_{cu,min} \geqslant 0.85 f_{cu,k} \tag{3-4}$$

当混凝土强度等级高于 C20 时，其强度的最小值应满足下式要求：

$$f_{cu,min} \geqslant 0.90 f_{cu,k} \tag{3-5}$$

式中：$m_{f_{cu}}$——同一检验批混凝土立方体抗压强度的平均值（N/mm²），精确到 0.1（N/mm²）；

$\quad f_{cu,k}$——混凝土立方体抗压强度标准值（N/mm²），精确到 0.1N/mm²；

$\quad \sigma_0$——检验批混凝土立方体抗压强度的标准差（N/mm²），精确到 0.01N/mm²；当检验批混凝土强度标准差 σ_0 计算值小于 2.5N/mm² 时，应取 2.5N/mm²。

$\quad f_{cu,i}$——前一检验期内同一品种、同一强度等级的 i 组混凝土试件的立方体抗压强度代表值（N/mm²），精确到 0.1N/mm²；该检验期不应少于 60d，也不得大于 90d。

$\quad n$——前一检验期内的样本容量，在该期间内样本容量不应少于 45；

$\quad f_{cu,min}$——同一检验批混凝土立方体抗压强度的最小值（N/mm²），精确到 0.1N/mm²。

当样本容量不少于 10 组时，其强度应同时满足下列要求：

$$m_{f_{cu}} \geqslant f_{cu,k} + \lambda_1 \cdot S_{f_{cu}} \tag{3-6}$$

$$f_{cu,min} \geqslant \lambda_2 \cdot f_{cu,k} \tag{3-7}$$

同一检验批混凝土立方体抗压强度的标准差应按下式计算：

$$S_{f_{cu}} = \sqrt{\frac{\sum\limits_{i-1}^{n} f_{cu,i}^2 - nm_{f_{cu}}^2}{n-1}} \tag{3-8}$$

式中：$S_{f_{cu}}$——同一检验批混凝土立方体抗压强度的标准差（N/mm²），精确到 0.01N/mm²；当检验批混凝土强度标准差 $S_{f_{cu}}$ 计算值小于 2.5N/mm² 时，应取 2.5N/mm²。

$\quad \lambda_1$、λ_2——合格判定系数，按表 3-17 取用；

$\quad n$——本检验期内的样本容量。

混凝土强度的合格评定系数　　　　　　　　　　　　　　　表 3-17

试件组数	10～14	15～19	≥20
λ_1	1.15	1.05	0.95
λ_2	0.90	0.85	

当用于评定的样本容量小于 10 组时，应采用非统计方法评定混凝土强度。

按非统计方法评定混凝土强度时，其强度应同时符合下列规定：

$$m_{f_{cu}} \geqslant \lambda_3 \cdot f_{cu,k} \tag{3-9}$$

$$f_{cu,min} \geqslant \lambda_4 \cdot f_{cu,k} \tag{3-10}$$

式中：λ_3、λ_4——合格评定系数，应按表 3-18 取用。

混凝土强度的非统计法合格评定系数　　　　　　　　表 3-18

混凝土强度等级	＜C60	≥C60
λ_3	1.15	1.10
λ_4	0.95	

2）混凝土强度的合格性判定

当检验结果满足第 1）条预拌混凝土强度评定的规定时，则该批混凝土强度应评定为合格；当不能满足上述规定时，该批混凝土强度应评定为不合格。

对评定为不合格批的混凝土，可按国家现行有关标准的规定进行处理。

3.1.4　评价与认证

1. 评价

2015 年，住房和城乡建设部、工业和信息化部发布《关于印发〈绿色建材评价标识管理办法实施细则〉和〈绿色建材评价技术导则（试行）〉的通知》，明确规定了绿色建材评价标识工作的具体要求，其中预拌混凝土为七类绿色建材产品之一。

2016 年，住房和城乡建设部、工业和信息化部发布《关于印发〈预拌混凝土绿色生产评价标识管理办法（试行）〉的通知》，明确规定了预拌混凝土绿色生产评价的技术依据应符合现行行业标准《预拌混凝土绿色生产及管理技术规程》JGJ/T 328。本评价工作重点针对预拌混凝土绿色生产及管理，与绿色建材产品评价相比，评价对象和侧重点有所不同。

2019 年，国家市场监督管理总局办公厅、住房和城乡建设部办公厅、工业和信息化部办公厅发布《关于印发绿色建材产品认证实施方案的通知》，明确了绿色建材产品认证按照《质检总局　住房城乡建设部　工业和信息化部　国家认监委　国家标准委关于推动绿色建材产品标准、认证、标识工作的指导意见》、《绿色建材产品认证实施方案》及《绿色建材评价标识管理办法》实施，实行分级评价认证，由低至高分为一、二、三星级，在认证目录内依据绿色产品评价国家标准认证的建材产品等同于三星级绿色建材。

另有《绿色建材评价　预拌混凝土》T/CECS 10047—2019，也可作为绿色建材评价与认证的技术依据。此外，混凝土领域评价相关的标准还有《高性能混凝土评价标准》JGJ/T 385—2015、《预拌混凝土低碳产品评价方法及要求》T/CBMF 27—2018 等，可根据实际需求进行选用。

本节重点介绍《绿色建材评价技术导则（试行）》、《预拌混凝土绿色生产及管理技术规程》JGJ/T 328—2014 相关技术内容。

（1）预拌混凝土绿色建材评价

依据《绿色建材评价技术导则（试行）》要求，评价指标体系分为控制项、评分项和加分项。参评产品及其企业必须全部满足控制项要求。一般项总分为 100 分，加分项总分为 5 分，总得分按照式（3-11）和式（3-12）计算。

$$Q_{总} = Q_{评} + Q_{加} \tag{3-11}$$

$$Q_{评} = \sum W_i Q_i \tag{3-12}$$

式中：$Q_总$——总分；

　　　$Q_评$——评分项得分；

　　　$Q_加$——加分项得分；

　　　W_i——评分项各指标权重；

　　　Q_i——评分项各指标得分。

1）控制项

控制项主要包括大气污染物、污水、噪声排放，工作场所环境、安全生产和管理体系等方面的要求。评分项是从节能、减排、安全、便利和可循环五个方面对建材产品全生命周期进行评价。加分项是重点考虑建材生产工艺和设备的先进性、环境影响水平、技术创新和性能等。

2）评分项

评分项指标节能是指单位产品能耗、原材料运输能耗、管理体系等要求；减排是指生产厂区污染物排放、产品认证或环境产品声明（EPD）、碳足迹等要求；安全是指影响安全生产标准化和产品性能的指标；便利是指施工性能、应用区域适用性和经济性等要求；可循环是指生产、使用过程中废弃物回收和再利用的性能指标。

生产基本要求应符合表 3-19 的要求。

生产基本要求　　　　　　　　　　　　　　　　　　　　　表 3-19

项目	要求
大气污染物排放	《大气污染物综合排放标准》GB 16297 中三级或满足地方排放标准的最低要求
污水排放	《污水综合排放标准》GB 8978
噪声排放	《工业企业厂界环境噪声排放标准》GB 12348
工作场所环境	《工作场所有害因素职业接触限值　化学有害因素》GBZ 2.1 《工作场所有害因素职业接触限值　物理有害因素》GBZ 2.2
安全生产	《企业安全生产标准化基本规范》AQ/T 9006 中三级
管理体系	完备的质量、环境和职业健康安全管理体系

注：大气污染物、污水、噪声排放应符合环境影响评价验收批复的要求

评分项各指标权重见表 3-20。

评分项各指标权重　　　　　　　　　　　　　　　　　　　表 3-20

指标	权重	具体条文	权重
节能	0.26	原材料运输能耗	0.05
		单位产品能耗或碳排放	0.06
		强度等级	0.10
		能源、测量管理体系认证	0.05
减排	0.13	厂区大气污染物、污水排放	0.08
		产品认证或评价、环境产品声明（EPD）、碳足迹报告	0.05
安全	0.27	标准差	0.10
		抗渗等级、抗氯离子渗透等级、抗碳化等级、抗冻等级	0.15
		安全生产标准化水平	0.02
便利	0.10	施工性能、自密实混凝土	0.05
		适应性与经济性	0.05

续表

指标	权重	具体条文	权重
可循环	0.24	报废混凝土产生率	0.06
		报废混凝土回收利用率	0.06
		固体废弃物综合利用比例	0.06
		工业废水回收利用比例	0.06

节能、减排、安全、便利、可循环具体评分要求参考《绿色建材评价技术导则》。

3）加分项

建筑材料生产过程中采用了先进的生产工艺或生产设备，且环境影响明显低于行业平均水平。总分 2 分，由专家评分。

建筑材料具有突出的创新性且性能明显优于行业平均水平。总分 3 分，由专家评分。

绿色建材等级由评价总得分确定，由低到高分为"★"、"★★"和"★★★"三个等级。等级划分见表 3-21。

绿色建材等级划分　　　　　　　　　　　　　　　　表 3-21

等级	★	★★	★★★
分值（$Q_总$）区间	$60 \leq Q_总 < 70$	$70 \leq Q_总 < 85$	$Q_总 \geq 85$

（2）预拌混凝土绿色生产评价

依据《预拌混凝土绿色生产及管理技术规程》JGJ/T 328—2014 要求：预拌混凝土绿色生产评价指标体系可由厂址选择和厂区要求、设备设施、控制要求和监测控制四类指标组成。每类指标应包括控制项和一般项。当控制项不合格时，绿色生产评价结果应为不通过。

绿色生产评价标识工作的技术依据应符合《预拌混凝土绿色生产及管理技术规程》JGJ/T 328—2014，等级由低到高划分为一星级、二星级和三星级。绿色生产评价等级、总分和评价指标要求应符合表 3-22 的规定。

绿色生产评价等级、总分和评价指标要求　　　　　　　表 3-22

等级	总分	厂区要求			设备设施			控制要求			监测控制		
		控制项	一般项	分值	控制项	一般项	分值	控制项	一般项	分值	控制项	一般项	分值
★	100	1	5	10	2	10	50	1	7	30	1	3	10
★★	130	1	5	10	12	0	50	4	12	60	1	3	10
★★★	160	1	5	10	12	0	50	7	15	90	1	3	10

星级绿色生产评价应按《预拌混凝土绿色生产及管理技术规程》JGJ/T 328—2014 中有关规定进行评价，一星级绿色生产评价应按规程附录 A 的规定进行评价。当评价总分不低于 80 分时，评价结果应为通过。

二星级绿色生产评价应符合下列规定：

1）应按规程附录 A 和附录 B 分别评价，并累计评价总分；

2）按规程附录 A 进行评价，评价总分不应低于 85 分，且设备设施评价应得满分；

3）按规程附录 B 进行评价，评价总分不应低于 20 分；

4）当累计评价总分不低于 110 分时，评价结果应为通过。

三星级绿色生产评价宜符合下列规定：

1）应按规程附录 A、附录 B 和附录 C 分别评价，并累计评价总分；

2）按规程附录 A 进行评价，评价总分不应低于 90 分，且设备设施评价应得满分；

3）按规程附录 B 进行评价，评价总分不应低于 25 分；

4）按规程附录 C 进行评价，评价总分不应低于 20 分；

5）当累计评价总分不低于 140 分时，评价结果应为通过。

2. 认证

《环境标志产品技术要求　预拌混凝土》HJ412—2007 对预拌混凝土产品技术要求作出了规定。

（1）基本要求

1）产品质量应符合现行国家标准《预拌混凝土》GB/T 14902 的要求；

2）企业污染物排放必须符合国家或地方规定的污染物排放标准的要求；

3）产品生产应采用计算机自动控制的生产工艺，具有计量自动补偿、数据储存、统计和查询功能；

4）产品生产过程产生的工业废水回收利用率达 100%；

5）产品生产过程产生的固体废弃物回收利用率达 95% 以上；

6）产品生产中所使用的水泥散装率达到 100%。

（2）技术内容

1）混凝土的内照射指数不大于 0.9，外照射指数不大于 0.9（$I_{R\alpha} \leqslant 0.9$ 和 $I_Y \leqslant 0.9$）。

2）混凝土中水溶性六价铬质量分数不大于 0.2×10^{-6}。

3）矿物掺合料掺量：

① 矿物掺合料占胶凝材料总量的质量分数不小于 30%；

② 当利用尾矿砂、尾矿石作骨料时，尾矿与矿物掺料体积之和占混凝土总体积的体积分数不小于 30%。

4）混凝土释放空气中污染物应满足表 3-23 要求。

混凝土释放空气中污染物要求　　　　　　　　　　　　　　表 3-23

项目	污染物限量
游离甲醛（mg/m³）	≤0.08
苯（mg/m³）	≤0.03
氨（mg/m³）	≤0.2
总挥发性有机化合物 TVOC（mg/m³）	≤0.4

注：污染物浓度限量，均应以同步测定的室外空气相应值为空白值。

（3）检验方法

1）技术内容中 1）的要求按《建筑材料放射性核素限量》GB 6566—2001 中规定的方法进行检测；

2）技术内容中 2）按《环境标志产品技术要求　预拌混凝土》HJ/T 412—2007 附录 A 中规定的方法进行检测；

3）技术内容中 3）的要求通过现场检查和文件审查的方式进行验证；

4）技术内容 4）的要求按《环境标志产品技术要求　预拌混凝土》HJ/T 412—2007 附录 B 中规定的方法进行检测。

3.2 混凝土的现浇施工

3.2.1 相关标准

GB 50164—2011 混凝土质量控制标准

GB 50204—2015 混凝土结构工程施工质量验收规范

GB/T 50784—2013 混凝土结构现场检测技术标准

JGJ/T 10—2011 混凝土泵送施工技术规程

JGJ/T 23—2011 回弹法检测混凝土抗压强度技术规程

3.2.2 施工与质量验收

1. 预拌混凝土运输过程质量控制

依据《混凝土质量控制标准》GB 50164—2011 相关规定：在运输过程中，应控制混凝土不离析、不分层，并应控制混凝土拌合物性能满足施工要求。

当采用机动翻斗车运输混凝土时，道路应平整。

当采用搅拌罐车运送混凝土拌合物时，搅拌罐在冬期应有保温措施。

当采用搅拌罐车运送混凝土拌合物时，卸料前应采用快挡旋转搅拌罐不少于 20s。因运距过远、交通或现场等问题造成坍落度损失较大而卸料困难时，可采用在混凝土拌合物中掺入适量减水剂并快挡旋转搅拌罐的措施，减水剂掺量应有经试验确定的预案。

当采用泵送混凝土时，混凝土运输应保证混凝土连续泵送，并应符合现行行业标准《混凝土泵送施工技术规程》JGJ/T 10 的有关规定。

混凝土拌合物从搅拌机卸出至施工现场接收的时间间隔不宜大于 90min。

2. 预拌混凝土施工浇筑质量控制

《混凝土质量控制标准》GB 50164—2011 规定：浇筑混凝土前，应检查并控制模板、钢筋、保护层和预理件等的尺寸、规格、数量和位置，其偏差值应符合现行国家标准《混凝土结构工程施工质量验收规范》GB 50204 的有关规定，并应检查模板支撑的稳定性以及接缝的密合情况，应保证模板在混凝土浇筑过程中不失稳、不跑模和不漏浆。

浇筑混凝土前，应清除模板内以及垫层上的杂物；表面干燥的地基土、垫层、木模板应浇水湿润。

当夏季天气炎热时，混凝土拌合物入模温度不应高于 35℃，宜选择晚间或夜间浇筑混凝土；现场温度高于 35℃时，宜对金属模板进行浇水降温，但不得留有积水，并宜采取遮挡措施避免阳光照射金属模板。

当冬期施工时，混凝土拌合物入模温度不应低于 5℃，并应有保温措施。

泵送混凝土输送管道的最小内径宜符合表 3-24 的规定；混凝土输送泵的泵压应与混凝土拌合物特性和泵送高度相匹配；泵送混凝土的输送管道应支撑稳定，不漏浆，冬期应有保温措施，夏季施工现场最高气温超过 40℃时，应有隔热措施。

泵送混凝土输送管道的最小内径（mm）　表 3-24

粗骨料最大公称粒径	输送管道最小内径
25	125
40	150

不同配合比或不同强度等级泵送混凝土在同一时间段交替浇筑时，输送管道中的混凝土不得混入其他不同配合比或不同强度等级混凝土。

当混凝土自由倾落高度大于 3.0m 时，宜采用串筒、溜管或振动溜管等辅助设备。

浇筑竖向尺寸较大的结构物时，应分层浇筑，每层浇筑厚度宜控制在 300～350mm；大体积混凝土宜采用分层浇筑方法，可利用自然流淌形成斜坡沿高度均匀上升，分层厚度不应大于 500mm；对于清水混凝土浇筑，可多安排振捣棒，应边浇筑混凝土边振捣，宜连续成型。

自密实混凝土浇筑布料点应结合拌合物特性选择适宜的间距，必要时可以通过试验确定混凝土布料点下料间距。

应根据混凝土拌合物特性及混凝土结构、构件或制品的制作方式选择适当的振捣方式和振捣时间。

混凝土振捣宜采用机械振捣。当施工无特殊振捣要求时，可采用振捣棒进行捣实，插入间距不应大于振捣棒振动作用半径的一倍，连续多层浇筑时，振捣棒应插入下层拌合物约 50mm 进行振捣；当浇筑厚度不大于 200mm 的表面积较大的平面结构或构件时，宜采用表面振动成型；当采用干硬性混凝土拌合物浇筑成型混凝土制品时，宜采用振动台或表面加压振动成型。

振捣时间宜按拌合物稠度和振捣部位等不同情况，控制在 10～30s 内，当混凝土拌合物表面出现泛浆，基本无气泡逸出，可视为捣实。

混凝土拌合物从搅拌机卸出后到浇筑完毕的延续时间不宜超过表 3-25 的规定。

混凝土从搅拌机卸出后到浇筑完毕的延续时间（min）　表 3-25

混凝土生产地点	气温	
	≤25℃	>25℃
预拌混凝土搅拌站	150	120
施工现场	120	90
混凝土制品厂	90	60

在混凝土浇筑同时，应制作供结构或构件出池、拆模、吊装、张拉、放张和强度合格评定用的同条件养护试件，并应按设计要求制作抗冻、抗渗或其他性能试验用的试件。

在混凝土浇筑及静置过程中，应在混凝土终凝前对浇筑面进行抹面处理。

混凝土构件成型后，在强度达到 1.2MPa 以前，不得在构件上面踩踏行走。

3. 预拌混凝土养护质量控制

对于预拌混凝土养护质量控制要求，《混凝土质量控制标准》GB 50164—2011 规定如下：

生产和施工单位应根据结构、构件或制品情况、环境条件、原材料情况以及对混凝土性能的要求等，提出施工养护方案或生产养护制度，并应严格执行。

混凝土施工可采用浇水、覆盖保湿、喷涂养护剂、冬季蓄热养护等方法进行养护。选择的养护方法应满足施工养护方案或生产养护制度的要求。

采用塑料薄膜覆盖养护时，混凝土全部表面应覆盖严密，并应保持膜内有凝结水；采用养护剂养护时，应通过试验检验养护剂的保湿效果。

对于混凝土浇筑面，尤其是平面结构，宜边浇筑成型边采用塑料薄膜覆盖保湿。

目前，可采取振平覆膜一体化设备（图3-1），实现即浇即盖，免除二次抹面，有效控制裂缝。

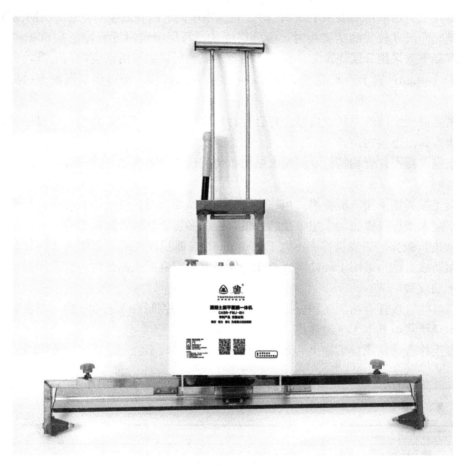

图 3-1　混凝土振平覆膜一体机

混凝土施工养护时间应符合下列规定：

（1）对于采用硅酸盐水泥、普通硅酸盐水泥或矿渣硅酸盐水泥配制的混凝土，采用浇水和潮湿覆盖的养护时间不得少于7d。

（2）对于采用粉煤灰硅酸盐水泥、火山灰质硅酸盐水泥、复合硅酸盐水泥配制的混凝土，或掺加缓凝剂的混凝土以及大掺量矿物掺合料混凝土，采用浇水和潮湿覆盖的养护时间不得少于14d。

（3）对于竖向混凝土结构，养护时间宜适当延长。

对于冬期施工的混凝土，养护应符合下列规定：

（1）日均气温低于5℃时，不得采用浇水自然养护方法。

（2）混凝土受冻前的强度不得低于5MPa。

（3）模板和保温层应在混凝土冷却到5℃方可拆除，或在混凝土表面温度与外界温度相差不大于20℃时拆模，拆模后的混凝土应及时覆盖，使其缓慢冷却。

（4）混凝土强度达到设计强度等级的50％时，方可撤除养护措施。

4. 混凝土现场检验

依据《混凝土结构工程施工质量验收规范》GB 50204—2015要求，现浇结构的外观质量缺陷，应由监理（建设）单位、施工单位等各方根据其对结构性能和使用功能影响的严重程度，按表3-26的规定确定。

现浇结构外观质量缺陷　　　　　　　　　　　　　　表3-26

名称	现象	严重缺陷	一般缺陷
露筋	构件内钢筋未被混凝土包裹而外露	纵向受力钢筋有露筋	其他钢筋有少量露筋
蜂窝	混凝土表面缺少水泥砂浆而形成石子外露	构件主要受力部位有蜂窝	其他部位有少量蜂窝
孔洞	混凝土中孔穴深度和长度均超过保护层厚度	构件主要受力部位有孔洞	其他部位有少量孔洞
夹渣	混凝土中夹有杂物且深度超过保护层厚度	构件主要受力部位有夹渣	其他部位有少量夹渣
疏松	混凝土中局部不密实	构件主要受力部位有疏松	其他部位有少量疏松
裂缝	裂缝从混凝土表面延伸至混凝土内部	构件主要受力部位有影响结构性能或使用功能的裂缝	其他部位有少量不影响结构性能或使用功能的裂缝
连接部位缺陷	构件连接处混凝土缺陷及连接钢筋、连接件松动	连接部位有影响结构传力性能的缺陷	连接部位有基本不影响结构传力性能的缺陷
外形缺陷	缺棱掉角、棱角不直、翘曲不平、飞边凸肋等	清水混凝土构件有影响使用功能或装饰效果的外形缺陷	其他混凝土构件有不影响使用功能的外形缺陷
外表缺陷	构件表面麻面、掉皮、起砂、沾污等	具有重要装饰效果的清水混凝土构件有外表缺陷	其他混凝土构件有不影响使用功能的外表缺陷

当对结构的混凝土强度有检测要求时，可按《回弹法检测混凝土抗压强度技术规程》JGJ/T 23—2011进行检测。

（1）测量回弹值时，回弹仪的轴线应始终垂直于混凝土检测面，并应缓慢施压、准确读数、快速复位。

（2）每一测区应读取16个回弹值，每一测点的回弹值读数应精确至1。测点宜在测区范围内均匀分布，相邻两测点的净距离不宜小于20mm；测点距外露钢筋、预埋件的距离不宜小于30mm；测点不应在气孔或外露石子上，同一测点应只弹击一次。

（3）检测泵送混凝土强度时，测区应选在混凝土浇筑侧面。

依据《回弹法检测混凝土抗压强度技术规程》JGJ/T 23—2011的规定，回弹值计算如下：

（1）计算测区平均回弹值时，应从该测区的16个回弹值中剔除3个最大值和3个最小值，其余的10个回弹值按下式计算：

$$R_{\mathrm{m}} = \frac{\sum\limits_{i=1}^{10} R_i}{10} \tag{3-13}$$

式中：R_m——测区平均回弹值，精确至 0.1；

R_i——第 i 个测点的回弹值。

（2）非水平方向检测混凝土浇筑侧面时，测区的平均回弹值应按下式修正：

$$R_m = R_{m\alpha} + R_{a\alpha}$$

式中：$R_{m\alpha}$——非水平方向检测时测区的平均回弹值，精确至 0.1；

$R_{a\alpha}$——非水平方向检测时回弹值修正值。

（3）水平方向检测混凝土浇筑表面或浇筑底面时，测区的平均回弹值应按下列公式修正：

$$R_m = R_m^t + R_a^t \tag{3-14}$$

$$R_m = R_m^b + R_a^b \tag{3-15}$$

式中：R_m^t、R_m^b——水平方向检测混凝土浇筑表面、底面时，测区的平均回弹值，精确至 0.1；

R_a^t、R_a^b——混凝土浇筑表面、底面回弹值的修正值。

（4）当回弹仪为非水平方向且测试面为混凝土的非浇筑侧面时，应先对回弹值进行角度修正，并应对修正后的回弹值进行浇筑面修正。

对怀疑存在内部缺陷的构件或区域宜依据现行国家标准《混凝土结构现场检测技术标准》GB/T 50784 进行检测。

3.2.3 常见问题及原因

混凝土现浇施工产生的常见问题主要有：混凝土浇筑施工后产生裂缝、混凝土力学性能不合格以及硬化后的混凝土蜂窝、麻面、孔洞的表观质量问题等。

1. 混凝土现浇施工后产生裂缝

混凝土浇筑施工后产生裂缝的原因多种多样，其中混凝土施工方式不当是主要原因之一，施工时混凝土未分层浇筑，单次施工浇筑混凝土量过大，导致混凝土内外温差过大，而产生温度裂缝；振捣不均匀，存在欠振捣或过振的情况，导致混凝土硬化后产生不均匀沉降，进而产生沉降裂缝；浇筑好的混凝土强度未达标就早拆模、施工过程未及时养护或养护方式不当，使得混凝土产生收缩裂缝；混凝土配合比设计时水泥用量过大，设计箍筋数量较少且间距较大，进而产生裂缝。

可通过下列措施控制混凝土施工产生的裂纹，例如合理设计混凝土配合比，减少水泥用量；增加箍筋用量，适当缩小箍筋间距；按要求合理施工，分层浇筑混凝土，控制单次混凝土施工浇筑方量，浇筑后振捣均匀、密实；同时采取科学合理的综合养护措施，可有效控制混凝土施工阶段的开裂问题。

2. 混凝土力学性能存在的问题

混凝土施工时振捣不密实或振捣不均匀，有些地方欠振或漏振；刚施工的混凝土缺乏早期湿养护或养护方式不当；混凝土配合比的富裕强度偏低，标准养护 28d 强度达不到配合比设计强度值；混凝土拌合物的工作性损失快，到达施工现场后不易浇筑，造成二次加水，降低了混凝土强度；浇筑等待时间过长，影响后期浇筑的混凝土强度；混凝土原材料质量波动等。

可通过下列措施保证混凝土力学性能，例如充分振捣密实混凝土，并及时加强早期养护；加强原材料检测与质量控制；合理组织施工，保证在规定时间内完成浇筑。

3. 混凝土表观质量存在的问题

混凝土表观质量问题通常指混凝土表面产生蜂窝、麻面、空洞、露筋，混凝土存在缺棱掉角、施工缝夹层等现象，主要原因有以下几点：

浇筑的模板表面粗糙或清理不干净，粘有干硬水泥砂浆等杂物，拆模时混凝土表面被粘损；钢模板脱模剂涂刷不均匀，拆模时混凝土表面粘结模板；模板接缝拼装不严密，浇筑混凝土时缝隙漏浆；混凝土振捣不密实，混凝土中的气泡未排除，一部分气泡留在模板表面；模板孔隙未堵好，或模板支设不牢固，振捣混凝土时模板移位，造成严重漏浆；在钢筋密集处或预埋件处，混凝土浇筑不畅通，产生漏振；混凝土浇筑不能充满模板间隙。

可通过下列措施改善混凝土表观质量，例如清理干净模板面，不得粘有干硬水泥砂浆等杂物；木模板浇筑混凝土前，用清水充分润湿，清洗干净，不留积水，使模板缝隙拼接严密，如有缝隙，填严，防止漏浆；选择适宜的脱模剂，并用标准脱模剂涂刷均匀；混凝土必须按操作规程分层均匀振捣密实，严防漏振；在钢筋密集处，可采用细石混凝土或自密实混凝土浇筑。

3.3　混凝土预制构件

混凝土预制构件是在工厂预先制作好的混凝土产品，能够实现工业化生产，其主要组成材料之一为混凝土。混凝土预制构件的生产有其特点：工厂内成熟的生产工艺和稳定的生产条件有利于保证构件质量；信息化系统和智能装备的应用能重构生产组织模式，大幅降低工人劳动强度、加快工程工期进度；工厂化生产还能够实现节约材料、增强安全、节能环保等。随着我国住宅建设和基础设施的快速发展，混凝土预制构件已发展成为重要的建筑材料，是实现建筑工业化的重要途径，产品种类日益增加，相关产品呈现混凝土高性能化、结构功能装饰一体化以及预应力技术应用面不断扩展等特点。

混凝土预制构件按用途可分为：①工业与民用建筑工程产品，包括预制类桩、梁、柱、楼板、楼梯、阳台板、墙板、屋面板、屋架等构件；②市政工程产品，包括预制类混凝土综合管廊、桥梁板、给水排水管、地铁管片、景观用品等构件；③水利、电力、铁路、公路等基础工程产品，包括预制类 PCCP 管、电杆、枕轨、路面板等构件。

混凝土预制构件按生产工艺可分为：①振动密实成型混凝土制品，如预制类梁、柱、楼板、桥梁板等多种类型的预制构件；②离心成型混凝土制品，如管桩、给水排水管等环形截面预制构件；③挤压成型混凝土制品，如地面砖、轻质墙板等板块制品；④浇筑成型混凝土制品，如加气混凝土板、自密实混凝土构件等应用大流动性自密实混凝土的制品；⑤其他成型方式混凝土制品，包括抄取混凝土、浸渍混凝土、喷射混凝土、灌浆混凝土等不同工艺的预制构件。此外，根据构件是否应用了预应力技术，还可划分为预应力构件和非预应力构件。

总体来说，各类常用产品所用混凝土的主要原材料要求与预拌混凝土的主要原材料要求基本相同，有部分产品在原材料取样批次划分、某些原料的个别技术指标上与预拌混凝土的要求有细微差异。预制产品用混凝土的性能要求亦与预拌混凝土基本相同，一般根据设计要求制备；有部分产品因生产工艺不同，在工作性上有特殊要求，如离心成型、挤压成型制品采用开模布料时要求混凝土流动性不能过大；预制产品用混凝土的性能与预拌混凝土性能差异最大的地方，是其因制作过程需要，对脱模、起吊、张拉、运输等环节的抗压强度有所要求。

混凝土预制构件种类繁多，此处主要对国家政策大力推动的装配式建筑用预制混凝土产品和有较强行业代表性的预制混凝土产品的相关标准及其条款进行梳理，以供查阅。

3.3.1 相关标准

1. 装配式建筑用混凝土预制构件相关标准

GB/T 51231—2016 装配式混凝土建筑技术标准

GB 13476—2009 先张法预应力混凝土管桩

JGJ 1—2014 装配式混凝土结构技术规程

JG/T 565—2018 工厂预制混凝土构件质量管理标准

2. 其他混凝土预制构件相关标准

GB 4623—2014 环形混凝土电杆

GB/T 19685—2017 预应力钢筒混凝土管

GB/T 22082—2017 预制混凝土衬砌管片

JC/T 2456—2018 预制混凝土箱涵

3.3.2 生产与质量检验

1. 装配式建筑用混凝土预制构件

装配式建筑用混凝土预制构件涉及的主要产品是装配式混凝土建筑中的各类混凝土预制构件，包括各类预应力及非预应力的预制混凝土墙板、预制混凝土柱、预制混凝土梁、预制混凝土板、预制混凝土楼梯等，以及预应力混凝土管桩。此类混凝土预制构件产品相关标准有《装配式混凝土建筑技术标准》GB/T 51231—2016、《装配式混凝土结构技术规程》JGJ 1—2014、《工厂预制混凝土构件质量管理标准》JG/T 565—2018 和《先张法预应力混凝土管桩》GB 13476—2009。其中，《装配式混凝土建筑技术标准》GB/T 51231—2016 适用于装配式建筑的设计、生产、运输、施工安装和质量验收，《装配式混凝土结构技术规程》JGJ 1—2014 适用于装配式混凝土结构的设计、施工及验收，《工厂预制混凝土构件质量管理标准》JG/T 565—2018 适用于装配式建筑预制构件工厂的质量管理，《先张法预应力混凝土管桩》GB 13476—2019 适用于离心成型先张法预应力混凝土管桩产品。涉及此类产品的生产工艺及混凝土相关要求及验收时，可查看这些标准，标准的具体条款要求按生产工艺分类梳理如下：

（1）预制混凝土生产控制

混凝土预制构件厂的装配式建筑用预制混凝土的生产控制水平与预拌混凝土搅拌站的混凝土生产控制水平相同，可按强度标准差（σ）和实测强度达到强度标准值组数的百分率（P）表征。

（2）预制混凝土质量控制

预制混凝土生产运输过程中质量控制符合 GB/T 51231—2016 中第 9.1 节的规定。混凝土配合比设计应符合国家现行标准《普通混凝土配合比设计规程》JGJ 55、《混凝土结构工程施工规范》GB 50666 和《高强混凝土应用技术规程》JGJ/T 281 等的有关规定。混凝土、钢筋和钢材的力学性能指标和耐久性要求等应符合现行国家标准《混凝土结构设计规范》GB 50010 和《钢结构设计标准》GB 50017 的规定。预制构件的混凝土强度等级不宜低于 C30；预应力混凝土预制构件的混凝土强度等级不宜低于 C40，且不应低于 C30；预应力混凝土管桩用混凝土强度等级不得低于 C60，预应力高强混凝土管桩用混凝土强度等级不得低于 C80。

预应力混凝土构件生产前应制定预应力施工技术方案和质量控制措施，并应符合现行国家标准《混凝土结构工程施工规范》GB 50666 和《混凝土结构工程施工质量验收规范》GB 50204 的要求。

装配式建筑用混凝土预制构件生产质量控制中与混凝土强度相关部分如下：

1）预制混凝土生产用原材料控制

原材料的质量控制与检验对预制混凝土产品生产的全过程产生影响。原材料及配件应按照国家现行有关标准、设计文件及合同约定进行进厂检验，生产用原材料质量控制、进货验收、储存和管理应符合《工厂预制混凝土构件质量管理标准》JG/T 565—2018 中第 6.2 节相关要求。

2）预制混凝土生产配合比控制

预制构件的混凝土配合比应符合设计要求和现行行业标准《普通混凝土配合比设计规程》JGJ 55 的规定，宜有必要的技术说明，包括生产时的调整要求。

生产过程中出现下列情况之一时，应对混凝土配合比重新进行设计或验证：①原材料的产地、品种或质量有显著变化时；②混凝土质量出现异常时。

混凝土配合比初次使用时应进行开盘鉴定。

工厂应定期对混凝土配合比进行统计、验证和优化，并应将统计、验证和优化情况作为混凝土配合比设计、确认的重要依据。

工厂应记录并保存混凝土配合比设计资料、混凝土配合比统计、验证和优化资料等。

工厂应根据设计文件的要求，按照混凝土配合比设计组织生产，混凝土配合比应由技术部门签发，并应有专人设定和复核，同时应做好设定和复核记录。

需要时，在经过试验并保证混凝土质量的前提下，按照混凝土配合比调整的要求，可以对混凝土配合比进行适当的调整，混凝土配合比的调整应依据充分、方法正确，并应保存调整依据和调整情况说明。

3）预制混凝土生产用计量设备和搅拌控制

具有一定均匀性且符合给定和易性指标的混凝土拌合物，除均匀性外，还应重视搅拌强化。混凝土用自动计量装置的强制式搅拌机搅拌应符合《装配式混凝土建筑技术标准》GB/T 51231—2016 中第 9.6.3 条相关规定。

计量设备应按国家现行有关标准规定进行计量检定或校准。

计量设备在检定或校准周期内应按照下列规定进行自行核查：①正常情况下，每季度不应少于一次；②停产一个月以上（含一个月），重新生产前；③混凝土生产出现异常情况时。

混凝土搅拌时间应符合配合比设计要求及有关标准的规定。

工厂应记录并保存混凝土配合比通知单、生产过程中的调整记录、生产前对混凝土生产设备和计量设备的检查资料、混凝土计量误差检查记录和生产过程的计量记录。

此外，分段搅拌、轮碾超声、振动、加热等措施，可以达到活化、改善界面层结构及加速水化反应，促进结构形成并提高混凝土强度的目的。

4）预制混凝土成型用模具控制

模具应具有足够的强度、刚度和整体稳固性，并应符合《装配式混凝土建筑技术标准》GB/T 51231—2016 中第 9.3 节对模具的相关规定。

5）预应力混凝土构件张拉与放张控制

预制混凝土在生产的同时强调满足混凝土结构的耐久性和承载力要求，因此要进行钢筋形状的加工和预应力的施加（先张法或后张法），确定钢筋制品的加工方法和合理的加工作业线，对降低混凝土预制构件的成本、节约钢材及保证构件质量均有重要作用。

预应力筋放张应符合设计要求，并应符合下列规定：预应力筋放张时，混凝土强度应符合设计要求，且同条件养护的混凝土立方体抗压强度不应低于设计混凝土强度等级值的 75%；采用消除应力钢丝或钢绞线作为预应力筋的先张法构件，尚不应低于 30MPa；放张前，应将限制构件变形的模具拆除；宜采取缓慢放张工艺进行整体放张；对受弯或偏心受压的预应力构件，应先同时放张预压应力较小区域的预应力筋，再同时放张预压应力较大区域的预应力筋；单根放张时，应分阶段、对称且相互交错放张；放张后，预应力筋的切断顺序，宜从放张端开始逐次切向另一端。

预应力混凝土管桩的预应力钢筋放张时，管桩的混凝土抗压强度不得低于 45MPa；预应力混凝土管桩的混凝土有效预压应力值应符合现行国家标准《先张法预应力混凝土管桩》GB 13476 的规定。

6）预制混凝土输送与成型

混凝土预制构件生产时所使用的原材料种类多、数量大，在运输、装卸和使用时所占用的劳动量也较大，如因装卸存放时管理不当，会影响混凝土预制构件的产量和质量。混凝土运送容器不应漏浆，内壁应光滑平整，并宜有覆盖设施。混凝土的运送频率应能保证混凝土浇筑的连续性。

浇筑混凝土前，应进行钢筋、预应力的隐蔽工程检查。

浇筑过程中，应防止混凝土的分层离析，保证构件的外观和耐久性符合设计要求。成型方式包括振动密实成型、压制密实成型、真空脱水密实成型、离心脱水密实成型和自密实成型。

混凝土浇筑应符合下列规定：混凝土浇筑前，预埋件及预留钢筋的外露部分宜采取防止污染的措施；混凝土倾落高度不宜大于 600mm，并应均匀摊铺；混凝土浇筑应连续进行；混凝土从出机到浇筑完毕的延续时间，气温高于 25℃时不宜超过 60min，气温不高于 25℃时不宜超过 60min。

带面砖或石材饰面的预制构件宜采用反打一次成型工艺制作，并应符合下列规定：应根据设计要求选择面砖的大小、图案、颜色，背面应设置燕尾槽或确保连接性能可靠的构造；面砖入模铺设前，宜根据设计排板图将单块面砖制成面砖套件，套件的长度不宜大于 600mm，宽度不宜大于 300mm；石材入模铺设前，宜根据设计排板图的要求进行配板和加工，并应提前在石材背面安装不锈钢锚固拉钩和涂刷防泛碱处理剂；应使用柔韧性好、收缩小、具有抗裂性能且不污染饰面的材料嵌填面砖或石材间的接缝，并应采取防止面砖或石材在安装钢筋及浇筑混凝土等工序中出现位移的措施。

带保温材料的预制构件宜采用水平浇筑方式成型。夹芯保温墙板成型尚应符合下列规定：拉结件的数量和位置应满足设计要求；应采取可靠措施保证拉结件位置、保护层厚度，保证拉结件在混凝土中可靠锚固；应保证保温材料间拼缝严密或使用粘结材料密封处理；在上层混凝土浇筑完成之前，下层混凝土不得初凝。

混凝土振捣应符合下列规定：混凝土宜采用机械振捣方式成型。振捣设备应根据混凝土的品种、工作性、预制构件的规格和形状等因素确定，应制定振捣成型操作规程；当采用振捣棒时，混凝土振捣过程中不应碰触钢筋骨架、面砖和预埋件；混凝土振捣过程中应随时检查模具有无漏浆、变形或预埋件有无移位等现象。

预制构件粗糙面成型应符合下列规定：可采用模板面预涂缓凝剂工艺，脱模后采用高压水冲洗露出骨料；叠合面粗糙面可在混凝土初凝前进行拉毛处理。

应记录并保存预制构件成型的重要技术参数、混凝土拌合物稠度（坍落度等）、隐蔽项目的检查资料。

7）预制混凝土养护

养护工序是历时最长，能耗最大，且在很大程度上影响预制构件的物理力学性能的工序，必须注意协调技术及经济效益之间的关系。预制构件的养护方法有自然养护、蒸汽养护、热拌混凝土热模养护、太阳能养护、远红外线养护等，以自然养护和蒸汽养护为主，养护方式应根据预制构件特点和生产任务量选择。

自然养护成本低，简单易行，但养护时间长，模板周转率低，占用场地大，我国南方地区的台座法生产多用自然养护。在采用洒水、覆盖等方式进行常温养护时，应符合现行国家标准《混凝土结构工程施工规范》GB 50666、《混凝土结构工程施工质量验收规范》GB 50204 的要求。

混凝土浇筑完毕或压面工序完成后应及时覆盖保湿，脱模前不得揭开。

涂刷养护剂应在混凝土终凝后进行。加热养护可选择蒸汽加热、电加热或模具加热等方式。

预制构件采用加热养护时，应制定养护制度对静停、升温、恒温和降温时间进行控制，加热养护制度应通过试验确定，宜采用加热养护温度自动控制装置。宜在常温下预养护 2～6h，升温速度不宜超过 20℃/h，降温速度不宜超过 20℃/h，最高养护温度不宜超过 70℃。预制构件脱模时的表面温度与环境温度的差值不宜超过 25℃。

夹芯保温外墙板最高养护温度不宜大于 60℃。

8）混凝土预制构件脱模起吊

脱模起吊时，脱模强度、起吊强度应满足设计要求，且不应小于 15MPa。预应力混凝土管桩的预应力钢筋拆模放张时，管桩的混凝土抗压强度不得低于 45MPa。

应记录并保存构件养护和起吊的重要技术参数、构件起吊和运送前的混凝土强度资料。

（3）预制混凝土质量检验要求

1）预制混凝土原材料质量检验与要求

原材料及配件检验批划分应符合《装配式混凝土建筑技术标准》GB/T 51231—2016 中第 9.2.1 条相关规定；混凝土原材料质量应符合国家现行标准《通用硅酸盐水泥》GB 175、《普通混凝土用砂、石质量及检验方法标准》JGJ 52、《混凝土用水标准》JGJ 63 的规定。

水泥宜采用强度等级不低于 42.5 的普通硅酸盐水泥、硅酸盐水泥，蒸汽养护时也可采用强度等级不低于 42.5 的矿渣硅酸盐水泥。

矿物掺合料应符合现行国家标准《矿物掺合料应用技术规范》GB/T 51003 的规定。预应力混凝土管桩用掺合料宜采用硅砂粉、矿渣粉、粉煤灰或硅灰等，硅砂粉的质量应符合《预应力高强混凝土管桩用硅砂粉》JC/T 950—2005 中的有关规定。矿渣微粉的质量不低于《用于水泥、砂浆和混凝土中的粒化高炉矿渣粉》GB/T 18046—2008 中 S95 级的有关规定，粉煤灰的质量不低于《用于水泥和混凝土中的粉煤灰》GB/T 1596—2005 中 II 级 F 类的有关规定，硅灰的质量应符合《高强高性能混凝土用矿物外加剂》GB/T 18736—2002 中的有关规定。

（注：《用于水泥、砂浆和混凝土中的粒化高炉矿渣粉》GB/T 18046、《用于水泥和混凝土中的粉煤灰》GB/T 1596、《高强高性能混凝土用矿物外加剂》GB/T 18736 最新版本均为 2017 版）

细骨料宜选用中砂，粗骨料级配宜采用连续粒级，检验结果应符合国家现行标准《普通混凝土用砂、石质量及检验方法标准》JGJ 52、《建设用砂》GB/T 14684 和《建设用卵石、碎石》GB/T 14685 的有关规定。预应力混凝土管桩用骨料应符合下列规定：细骨料宜采用洁净的天然硬质中粗砂或人工砂，细度模数宜为 2.5～3.2，采用人工砂时，细度模数可为 2.5～3.5，质量应符合现行国家标准《建设用砂》GB/T 14684 的有关规定，且砂的含泥量不大于 1%。氯离子含量不大于 0.01%，硫化物及硫酸盐含量不大于 0.5%。粗骨料宜采用碎石或破碎的卵石，其最大粒径不大于 25mm，且不得超过钢筋间距的 3/4，质量应符合现行国家标准《建设用卵石、碎石》GB/T 14685 的有关规定，且石的含泥量不大于 0.5%，硫化物及硫酸盐含量不大于 0.5%。对于有抗冻、抗渗或其他特殊要求的管桩，其所使用的骨料应符合相关标准的有关规定。

轻集料同一类别、同一规格且同密度等级，不超过 200m³ 为一批；轻细集料按批抽取试样进行细度模数和堆积密度试验，高强轻细集料还应进行强度标号试验；轻粗集料按批抽取试样进行颗粒级配、堆积密度、粒形系数、筒压强度和吸水率试验，高强轻粗集料还应进行强度标号试验；检验结果应符合现行国家标准《轻集料及其试验方法 第 1 部分：轻集料》GB/T 17431.1 的有关规定。

外加剂应符合现行国家标准《混凝土外加剂》GB 8076、《混凝土外加剂应用技术规范》GB 50119 的规定。

混凝土拌制及养护用水应符合现行行业标准《混凝土用水标准》JGJ 63 的有关规定，并应符合下列规定：采用饮用水时，可不检验；采用中水、搅拌站清洗水或回收水时，应对其成分进行检验，同一水源每年至少检验一次。

钢纤维和有机合成纤维应符合设计要求，进厂检验应符合下列规定：用于同一工程的相同品种且相同规格的钢纤维，不超过 20t 为一批，按批抽取试样进行抗拉强度、弯折性能、尺寸偏差和杂质含量试验；用于同一工程的相同品种且相同规格的合成纤维，不超过 50t 为一批，按批抽取试样进行纤维抗拉强度、初始模量、断裂伸长率、耐碱性能、分散性相对误差和混凝土抗压强度比试验，增韧纤维还应进行韧性指数和抗冲击次数比试验；检验结果应符合现行行业标准《混凝土用水标准》JGJ/T 221 的有关规定。

2）预制混凝土拌合物性能要求

混凝土工作性能指标应根据预制构件产品特点和生产工艺要求确定。

3）预制混凝土硬化性能检验与要求

混凝土的强度等级应符合设计要求。混凝土强度试件的制作数量应满足构件起吊强度、出厂强度和标准强度等需要。对预应力混凝土构件，还应制作用于检测预应力张拉或放张时混凝土强度的试件。用于构件预应力张拉或放张、起吊和出厂运送前检测的混凝土强度试件，其成型方法和养护条件应与构件生产时所采用的成型方法和养护条件相同。

混凝土检验试件应在浇筑地点取样制作。每拌制 100 盘且不超过 100m³ 的同一配合比混凝土，每工作班拌制的同一配合比的混凝土不足 100 盘为一批。每批制作强度检验试块不少于 3 组，随机抽取 1 组进行同条件转标准养护后进行强度检验，其余可作为同条件试件在预制构件脱模和出厂时控制其混凝土强度；还可根据预制构件吊装、张拉和放张等要求，留置足够数量的同条件混凝土试块进行强度检验。

蒸汽养护的预制构件，其强度评定混凝土试块应随同构件蒸养后，再转入标准条件养护。构件脱模起吊、预应力张拉或放张的混凝土同条件试块，其养护条件应与构件生产中采用的养护条件相同。

除设计有要求外，预制构件出厂时的混凝土强度不宜低于设计混凝土强度等级值的75%；管桩用混凝土抗压强度不得低于其混凝土设计强度等级值。

混凝土强度检验评定应符合现行国家标准《混凝土强度检验评定标准》GB/T 50107的有关规定，试验方法应符合现行国家标准《混凝土物理力学性能试验方法标准》GB/T 50081 的规定。管桩用混凝土强度试验方法还应符合现行国家标准《先张法预应力混凝土管桩》GB 13476 的规定。

4）预制混凝土外观质量检验与要求

预制混凝土外观质量检验时，应符合现行国家标准《装配式混凝土建筑技术标准》GB/T 51231 的要求。本标准规定，装配式建筑预制构件生产时应采取措施避免出现外观质量缺陷。外观质量缺陷根据其影响结构性能、安装和使用功能的严重程度，可按表 3-27规定划分为严重缺陷和一般缺陷。

构件外观质量缺陷分类　　　　表 3-27

名称	现象	严重缺陷	一般缺陷
露筋	构件内钢筋未被混凝土包裹而外露	纵向受力钢筋有露筋	其他钢筋有少量露筋
蜂窝	混凝土表面缺少水泥砂浆而形成石子外露	构件主要受力部位有蜂窝	其他部位有少量蜂窝
孔洞	混凝土中孔穴深度和长度均超过保护层厚度	构件主要受力部位有孔洞	其他部位有少量孔洞
夹渣	混凝土中夹有杂物且深度超过保护层厚度	构件主要受力部位有夹渣	其他部位有少量夹渣
疏松	混凝土中局部不密实	构件主要受力部位有疏松	其他部位有少量疏松
裂缝	缝隙从混凝土表面延伸至混凝土内部	构件主要受力部位有影响结构性能或使用功能的裂缝	其他部位有少量不影响结构性能或使用功能的裂缝
连接部位缺陷	构件连接处混凝土缺陷及连接钢筋、连接件松动，插筋严重锈蚀、弯曲、灌浆套筒堵塞、偏位、灌浆孔洞堵塞、偏位、破损等缺陷	连接部位有影响结构传力性能的缺陷	连接部位基本不影响结构传力性能的缺陷

续表

名称	现象	严重缺陷	一般缺陷
外形缺陷	缺棱掉角、棱角不直、翘曲不平、飞出、凸肋等，装饰面砖粘结不牢、表面不平、砖缝不顺直等	清水或具有装饰的混凝土构件内有影响使用功能或装饰效果的外形缺陷	其他混凝土构件有不影响使用功能的外形缺陷
外表缺陷	构件表面麻面、掉皮、起砂、沾污等	具有重要装饰效果的清水混凝土构件有外表缺陷	其他混凝土构件有不影响使用功能的外表缺陷

预制构件出模后应及时对其外观质量进行全数目测检查。预制构件外观质量不应有缺陷，对已经出现的严重缺陷应制定技术处理方案进行处理并重新检验，对出现的一般缺陷应进行修整并达到合格，检验方法应符合现行行业标准《工厂预制混凝土构件质量管理标准》JG/T 565 的规定。

预应力混凝土管桩的外观质量检验与要求应符合现行国家标准《先张法预应力混凝土管桩》GB 13476 的规定。

5）混凝土预制构件结构性能检验与要求

预制构件应按设计要求和现行国家标准《混凝土结构工程施工质量验收规范》GB 50204 的有关规定进行结构性能检验。

预应力混凝土管桩的抗弯性能检验与要求应符合现行国家标准《先张法预应力混凝土管桩》GB 13476 的规定。

6）混凝土预制构件出厂检验与型式检验要求

混凝土预制构件的出厂检验与型式检验应符合现行行业标准《工厂预制混凝土构件质量管理标准》JG/T 565—2018 的规定。

预应力混凝土管桩的出厂检验与型式检验应符合现行国家标准《先张法预应力混凝土管桩》GB 13476 的规定。

2. 其他预制混凝土

其他常见预制混凝土产品还有环形混凝土电杆、预应力钢筒混凝土管、预制混凝土衬砌管片、预制混凝土箱涵等，此类预制混凝土产品的生产工艺和混凝土要求主要依据《环形混凝土电杆》GB 4623—2014、《预应力钢筒混凝土管》GB/T 19685—2017、《预制混凝土衬砌管片》GB/T 22082—2017、《预制混凝土箱涵》JC/T 2456—2018，涉及此类产品的生产工艺及混凝土相关要求及验收时，可查看上述标准，标准的具体条款要求按生产工艺分类梳理如下：

（1）预制混凝土生产控制

混凝土预制构件厂的其他预制产品用混凝土的生产控制水平与预拌混凝土搅拌站的混凝土生产控制水平相同，可按强度标准差（σ）和实测强度达到强度标准值组数的百分率（P）表征。

（2）预制混凝土质量控制

1）预制混凝土生产用原材料控制

水泥性能应符合现行国家标准《通用硅酸盐水泥》GB 175 或相应水泥标准规定，不同厂商、不同品种和不同等级的水泥不得混用。其中，衬砌管片和箱涵宜采用强度等级不低于 42.5 级的硅酸盐水泥、普通硅酸盐水泥，且水泥碱含量（等效 Na_2O）均不大于

0.6%；环形混凝土电杆用水泥应采用硅酸盐水泥、普通硅酸盐水泥、矿渣硅酸盐水泥，当采用活性掺合材料作为水泥的替代物时，水泥强度等级不应低于 42.5；预应力钢筒混凝土用水泥宜采用强度等级不低于 42.5 级的硅酸盐水泥、普通硅酸盐水泥、矿渣硅酸盐水泥、抗硫酸盐硅酸盐水泥。

细骨料宜采用细度模数为 2.3～3.2 的中粗砂。其中，衬砌管片细骨料宜为非碱活性，含泥量不应大于 2%，硫化物和硫酸盐含量小于或等于 1.0%，氯离子含量小于或等于 0.06%，人工砂总压碎值指标应小于 30%，其他质量应符合现行行业标准《普通混凝土用砂、石质量及检验方法标准》JGJ 52 的规定；箱涵用细骨料含泥量不宜大于 2%，其他性能指标应符合现行国家标准《建设用砂》GB/T 14684 的规定；预应力钢筒混凝土管用砂应符合现行国家标准《建设用砂》GB/T 14684 的规定，对管芯混凝土含泥量不宜大于 2%，对保护层水泥砂浆宜采用天然细砂，含泥量不宜大于 1%。

粗骨料宜采用碎石或卵石。其中，衬砌管片用粗骨料应为非碱活性，最大粒径不宜大于 31.5mm，且不应大于钢筋骨架最小净间距的 3/4，针片状含量不应大于 15%，含泥量不应大于 1%，硫化物和硫酸盐含量小于或等于 1.0%，其他质量应符合现行行业标准《普通混凝土用砂、石质量及检验方法标准》JGJ 52 的规定；箱涵用粗骨料最大粒径不宜大于 31.5mm，且不应大于钢筋净间距的 3/4，含泥量不宜大于 1%，其他性能指标应符合现行国家标准《建设用卵石、碎石》GB/T 14685 的规定；预应力钢筒混凝土管的管芯混凝土用粗骨料最大粒径不应大于 31.5mm，且不得大于混凝土层厚度的 2/5，并符合现行国家标准《建设用卵石、碎石》GB/T 14685；环形混凝土电杆用粗骨料最大粒径不宜大于 25mm，且应小于钢筋净距的 3/4，其他质量应符合现行国家标准《建设用卵石、碎石》GB/T 14685 的规定。

混凝土拌用水及预应力钢筒混凝土管的成品养护用水应符合现行行业标准《混凝土用水标准》JGJ 63 的规定，其中，衬砌管片和预制混凝土箱涵拌合水符合现行行业标准《混凝土用水标准》JGJ 63 中关于钢筋混凝土用水规定。

混凝土外加剂应符合现行国家标准《混凝土外加剂》GB 8076 的规定。其中，对衬砌管片、箱涵和环形混凝土电杆严禁使用氯盐类外加剂或其他对钢筋有腐蚀作用的外加剂；对预应力钢筒混凝土管用外加剂不应对管子或水质产生有害影响。

掺合料不应对产品产生有害影响，使用前应进行试验验证，并符合相应标准要求。其中，对衬砌管片和箱涵用粉煤灰应符合现行国家标准现行国家标准《用于水泥和混凝土中的粉煤灰》GB/T 1596 中不低于 II 级技术要求，粉煤灰的应用应符合现行国家标准《混凝土质量控制标准》GB/T 50164，矿渣粉应采用符合现行国家标准《用于水泥、砂浆和混凝土中的粒化高炉矿渣粉》GB/T 18046 中 S95 级技术要求的矿渣粉。

如使用钢纤维，钢纤维应符合现行行业标准《钢纤维混凝土》JG/T 472 的规定，并应进行相关钢纤维混凝土耐久性试验。如使用合成纤维，应符合现行国家标准《水泥混凝土和砂浆用合成纤维》GB/T 21120 的规定，并应进行相关合成纤维混凝土耐久性试验。

配件应符合设计要求。

2）预制混凝土配合比控制

配合比设计应符合现行行业标准《普通混凝土配合比设计规程》JGJ 55 的规定。

耐久性设计应符合现行国家标准《混凝土结构设计规范》GB 50010、《混凝土结构耐久性设计标准》GB/T 50476 的有关规定。其中，对衬砌管片混凝土的氯离子含量不得大于胶凝材料总用量的 0.06%，总碱含量应小于或等于 3kg/m³。

抗渗等级应符合设计要求，其中，对制作箱涵设计无要求时，混凝土抗渗等级不宜低于 P8。

质量控制应符合现行国家标准《混凝土质量控制标准》GB 50164 的要求。

钢纤维混凝土应符合现行行业标准《钢纤维混凝土》JG/T 472 的要求。

合成纤维混凝土应符合现行行业标准《纤维混凝土应用技术规程》JGJ/T 221 的要求。

3）预制混凝土强度控制

对衬砌管片，设计强度等级不低于 C50；当采用吸盘脱模时应不低于 15MPa，当采用其他方式脱模时，应不低于 20MPa；管片出厂时的混凝土强度不低于设计强度值。

对制作开槽施工用的箱涵混凝土强度等级不应小于 C40；制作顶进施工用的箱涵混凝土强度等级不应小于 C50；出厂时的混凝土抗压强度不应低于设计的混凝土立方体抗压强度标准值。

对预应力钢筒混凝土管，采用离心成型时管芯混凝土脱模强度不应低于 30MPa，采用立式振动成型时管芯混凝土，脱模强度不应低于 20MPa。

对钢筋混凝土电杆，混凝土强度等级不应低于 C40，预应力混凝土电杆、部分预应力混凝土电杆用混凝土强度等级不应低于 C50；钢筋混凝土电杆脱模时的混凝土抗压强度不宜低于设计的混凝土强度等级值的 60%，预应力混凝土电杆、部分预应力混凝土电杆脱模时的混凝土抗压强度不宜低于设计的混凝土强度等级值的 70%；出厂时，混凝土抗压强度不应低于设计的混凝土强度等级值。

4）预制混凝土生产用计量设备和搅拌控制

生产用计量设备和搅拌控制同工业与民用建筑用预制混凝土相关规定。

5）预制混凝土成型用模具控制

成型用模具控制同工业与民用建筑用预制混凝土相关规定。

6）预制混凝土输送、成型与养护

混凝土的操作施工应遵循现行国家标准《混凝土结构工程施工质量验收规范》GB/T 50204、《混凝土结构工程施工规范 50666》GB/T 50666 的规定。

混凝土生产与运输、混凝土浇筑、混凝土养护遵循现行行业标准《预制混凝土衬砌管片生产工艺技术规程》JC/T 2030 的规定。

对预应力钢筒混凝土管，其成型工艺制度应保证管芯获得设计要求的管芯厚度和足够的密实度。

新成型的管芯应采用蒸汽方法进行养护，养护制度符合现行行业标准《预应力钢筒混凝土管》GB/T 19685 的相关规定。对于内衬式管应采用一次蒸汽养护法。对于埋置式管可采用二次养护法，第一次养护结束时使管芯混凝土强度达到规定的脱模强度，第二次养护结束时使管芯混凝土强度达到规定的缠丝强度。制作完成的水泥砂浆保护层应采用适当方法进行养护。采用自然养护时，在保护层水泥砂浆充分凝固后，每天至少应洒水两次以使保护层水泥砂浆保持湿润，自然养护环境温度不得低于 5℃。

7）混凝土预制构件脱模起吊

达到脱模强度后进行脱模操作，且脱模操作不应对混凝土产生明显的损坏，内外表面不得出现粘模和剥落现象。

（3）预制混凝土质量检验要求

1）预制混凝土原材料质量检验与要求

原材料质量检验与要求同工业与民用建筑用预制混凝土。

2）预制混凝土拌合物性能要求

混凝土拌合物应在浇筑工序中随机取样，混凝土拌合物性能的试验方法应符合《普通混凝土拌合物性能试验方法标准》GB/T 50080—2016 的规定；立方体试件的制作应符合《混凝土物理力学性能试验方法标准》GB/T 50081—2019 的规定。

3）预制混凝土强度检验与要求

混凝土抗压强度试验方法应符合现行国家标准《混凝土物理力学性能试验方法标准》GB/T 50081 的规定。

混凝土 28d 抗压强度的评定应符合现行国家标准《混凝土强度检验评定标准》GB/T 50107 的规定。

对衬砌管片和箱涵，相同配合比的混凝土，每天取样不得少于一次，每次至少成型 3 组试件。两组试件与生产产品同条件养护，另一组试件同条件养护脱模后再进行标准养护，一组与预制产品同条件养护的试件用于检验脱模强度，另一组同条件养护的试件用于检验出厂强度；经同条件养护脱模后再标准养护的试件用于检验评定混凝土 28d 抗压强度。

对预应力钢筒混凝土管，每班或每拌制 100 盘同配比的混凝土拌合料应抽取混凝土样品制作 3 组立方体试件或圆柱体试件用于测定管芯混凝土的脱模强度、缠丝强度及 28d 标准抗压强度。用于测定管芯混凝土脱模强度和缠丝强度的试件的养护条件应与管子相同。当采用标准圆柱体试件测定时应将测试结果换算成标准立方体试件的抗压强度进行评定，换算系数应由试验确定，无资料时可取 1.25。每隔 3 个月或当制作水泥砂浆保护层用原材料来源发生改变时至少应进行一次保护层水泥砂浆强度试验。采用切割法制作的尺寸为 25mm×25mm×25mm 保护层水泥砂浆试件 28d 龄期的抗压强度不得低于 45MPa。

对环形混凝土电杆，每天取样不得少于一次，每次至少成型 3 组试件。两组试件与电杆同条件养护，另一组试件进行标准养护。两组与电杆同条件养护的试件分别用于检验脱模强度和出厂强度；一组经标准养护的试件用于检验评定混凝土 28d 抗压强度。

4）预制混凝土长期性能与耐久性能检验与要求

对衬砌管片和箱涵，投入生产或混凝土设计配合比有调整时应按现行国家标准《普通混凝土长期性能和耐久性能试验方法标准》GB/T 50082 进行混凝土抗渗试验。

对衬砌管片，混凝土设计配合比有调整时应进行混凝土总碱量验算和氯离子含量验算，混凝土碱含量和氯离子含量的试验按相应组分的试验方法进行检验，总碱含量与氯离子分别为各组分带入的碱含量与氯离子含量的总和。

对预应力钢筒混凝土管，使用中会接触腐蚀性污水、海水、土壤及露天环境时，应按照现行国家标准《工业建筑防腐蚀设计标准》GB 50046 的规定对管体混凝土或水泥砂浆保护层进行防腐设计。

对有特殊耐久性要求的电杆，应对其原材料、混凝土配合比、生产工艺参数等加强控制，并按设计要求对混凝土、保护层等采取相应措施。

5）预制混凝土外观质量检验与要求

当产品出现粘皮，麻面、蜂窝、塌落、露筋、空鼓、裂缝、局部凹坑、合缝漏浆、端面碰伤等，应按现行国家标准《混凝土和钢筋混凝土排水管试验方法》GB/T 16752 的规定进行检验。

当衬砌管片表面出现缺棱掉角、混凝土剥落以及宽度 0.1～0.2mm 非贯穿性裂缝时，应进行修补，管片修补时，修补材料的抗拉强度和抗压强度均不得低于管片混凝土设计强度。修补后的管片质量应符合现行国家标准《热浸镀锌螺纹 在内螺纹上容纳镀锌层》GB/T 22028 的要求。衬砌管片外观质量检验应符合现行国家标准《预制混凝土衬砌管片》GB/T 22082 的规定。

预制钢筒混凝土管外壁水泥砂浆保护层不应出现任何空鼓、分层及剥落现象；成品管承插口端部管芯混凝土不应有缺料、掉角、孔洞等瑕疵；成品管内壁管芯混凝土表面应平整。内衬式管内表面不应出现浮渣、露石和浮浆，埋置式管内表面不应出现直径或深度大于 10mm 孔洞或凹坑以及蜂窝麻面等不密实现象。

环形混凝土电杆外观质量检验应符合现行国家标准《环形混凝土电杆》GB/T 4623 的规定。

6）混凝土预制构件出厂检验与型式检验要求

其他各预制混凝土产品的出厂检验与型式检验应分别符合对应标准国家现行标准《环形混凝土电杆》GB/T 4623、《预应力钢筒混凝土管》GB/T 19685、《热浸镀锌螺纹在内螺纹上容纳镀锌层》GB/T 22082、《预制混凝土箱涵》JC/T 2456 的相关规定。

3.3.3 评价与认证

预制构件用混凝土是产品的组成部分，不单独进行评价与认证，而是以整个预制混凝土制品作为评价与认证的对象，判断其是否属于绿色建材产品。此外，装配式建筑混凝土预制构件的认证要求，可以参照《装配式建筑部品与部件认证通用规范》RB/T 058—2020。

3.3.4 常见问题及原因

1. 预制混凝土常见问题

混凝土预制构件中常见的与混凝土有关的问题有：1）混凝土裂纹裂缝；2）混凝土缺棱掉角；3）混凝土早期强度不足，混凝土后期强度过高；4）表观质量问题。

2. 原因分析

造成以上混凝土预制构件中常见混凝土相关问题的原因有：

（1）裂纹裂缝产生原因

1）生产制造过程操作不当，出现异常扰动

生产制造过程中，混凝土初凝后终凝前，工人对构件钢筋扰动或设备移动对模具扰动造成初始裂缝。

2）养护措施不当或养护不到位

生产车间风速过大，未有效覆盖，造成混凝土表面失水过快而产生塑形收缩裂缝；采用蒸汽养护的预制构件，升温速度过快、升温温度过高或降温速度过快造成混凝土内外温差过大而产生温度裂缝；高温季节，未对刚制作好的混凝土构件进行足够次数和时间的洒水养护而造成表面裂缝。

3）未达到规定强度即进行脱模操作

混凝土强度不足，片面追求生产效率，提前脱模，吊运、堆码等操作造成的应力导致混凝土出现裂纹裂缝。

4）吊运、堆码不规范

构件起吊过程中，为图方便不按规定吊点点位或吊点数量进行起吊操作；堆放时不按规定堆码点位或堆码数量进行堆放操作，造成构件混凝土局部受力过大而产生裂纹裂缝。

（2）缺棱掉角的原因

拆模过早，造成混凝土角随模板拆除破损；拆模操作不当，边角受外力或重物撞击导致棱角被碰掉；木模板未充分浇水湿润或湿润不够，混凝土浇筑后模板吸水膨胀将边角拉裂，拆模时棱角被粘掉；模板残渣未清理干净，未涂隔离剂或涂刷不匀。

（3）混凝土早期强度不足、混凝土后期强度过高的原因

为提高生产效率或赶工期，违背混凝土强度发展规律，大幅提前脱模时间，混凝土强度未达脱模设计要求；低温季节期间，未采取蒸汽养护、添加早强剂调整配合比或延长养护时间等措施，同样生产周期下混凝土强度不足；为满足早期生产效率，大幅提高混凝土胶凝材料用量并采取蒸养措施，导致后期强度大幅超过设计强度等级。

（4）表观质量问题的原因

与现浇混凝土表观质量问题类似。

第4章 混凝土材料发展趋势与标准化工作建议

4.1 混凝土材料发展趋势

4.1.1 水泥技术发展趋势

随着环保需求的日益提高，水泥原材料及生产方式也将产生相应变化。水泥厂将利用更多的固体废弃物（如粉煤灰、炉底灰、磨渣、矿渣及工业副产石膏等）作为生产水泥的原料或混合材。同时，水泥工业必将广泛地循环再利用各种低品位燃料，以实现水泥厂对天然矿物燃料的零消耗，即熟料的煅烧100％由可燃废料取代。当前绝大多数水泥厂燃料采用烟煤，其余的则是以天然气或油作燃料。近年来，采用石油焦炭、轮胎和液态或固态有害废物等替代燃料的趋势越来越盛行。虽然石油焦炭比传统燃料更难燃烧，但现代化分解炉的设计可以使物料在其内有较长的停留时间并能产生更高的分解温度，从而保证石油焦炭的完全燃烧。

此外，水泥的"质量设计"将日益发挥更重要的作用。水泥厂将按用户的不同需求，生产最适用的水泥，可以按用户的需要，设计水泥的最佳技术指标进行生产。

4.1.2 骨料技术发展趋势

优质天然骨料资源的日益稀缺，机制砂石的研究、应用及标准化逐步提上日程。国家发布了一系列政策文件，要求提升完善砂石骨料及其应用技术标准，以促进产品质量的提高，加快推动砂石骨料行业的转型发展和机制砂高性能混凝土的质量。机制砂生产已由简单分散的人工或半机械的作坊逐步转变为标准化规模化的工厂，但机制砂行业还面临着质量保障能力弱、产业结构不合理、绿色发展水平低、局部供求不平衡等突出问题。

此外，再生骨料和功能性骨料等方向也在寻求突破，满足市场骨料巨大需求的同时，解决天然骨料缺乏和环境失衡问题，带来了巨大的经济和社会效益。

再生骨料是废弃物经特殊技术处理加工制成的骨料，如冶金渣、洞渣、矿渣、建筑垃圾、垃圾焚烧尾渣等。再生骨料的生产工艺大都是将切割破碎设备、传送机械、筛分设备和清除杂质设备有机结合，完成破碎、去杂、分级等工序。再生骨料是一种从根本上利用大宗固废的方法，既解决了大宗固废污染环境的问题，又节约了自然资源，缓解了天然骨料供求矛盾，减少了自然资源的消耗，具有显著的社会效益和经济效益，符合我国"青山绿水"的发展目标。

功能性骨料主要有轻骨料和超重骨料。轻骨料分为人造轻骨料（烧结或非烧结陶粒）、天然轻骨料（浮石、火山渣等）、工业废料（煤渣、自然煤矸石、膨胀矿渣等）。人造轻骨料（陶粒）根据所用主原料的不同可分为黏土陶粒、页岩陶粒、粉煤灰陶粒等。由于轻骨料制品的快速发展，天然轻骨料和工业废渣轻骨料的生产和应用也快速增加。超重骨料（重晶石骨料）用于直线加速器的核医学防护中代替金属铅板屏蔽核反应堆和建造科研、医院防 X 射线的建筑物。

4.1.3　掺合料技术发展趋势

随着混凝土技术的不断进步与发展，混凝土掺合料的使用将愈加广泛。如今，应用矿物掺合料的意义早已远远超过了节约水泥的经济意义和利用废弃资源的环保意义，其对于混凝土各项性能的全面提高作用，使得混凝土寿命得到大幅提升。因此，掺合料技术的发展越来越受重视。总体来看，未来混凝土掺合料技术是向低活性/非活性掺合料拓展、向多元复合掺合料拓展、向超细化功能性掺合料拓展、向制备大掺量掺合料高性能混凝土拓展以及向进一步实现固体废弃物"减量化、资源化、无害化"拓展。

传统掺合料紧缺问题突出，粉体材料向多元化、复合化发展。粉体材料作为混凝土的重要组成部分，从高性能混凝土的技术内涵看，粉体材料是一个包含水泥、辅助胶凝材料、惰性粉体材料等多组分的一个体系，它关系着混凝土的强度、工作性与耐久性能，对于提高混凝土性能、保证混凝土质量具有重大意义。因此，粉体体系的进步是高性能混凝土技术发展的最重要体现之一。然而，随着近年来土木、水利、交通行业的迅速发展，我国逐渐面临粉煤灰、矿渣等传统矿物掺合料紧缺的问题，混凝土粉体材料向着多元化、复合化发展，粉体材料相关的标准化工作也逐渐向该方向靠拢，具体体现在：

1）工业废渣类矿物掺合料种类和范围不断扩展，如镍铁渣粉、锂渣粉、铜渣等。

2）建筑垃圾再生微粉、废弃玻璃粉、铁尾矿和铅锌尾矿微粉等低品质工业废弃物逐步得到开发利用。

3）粉煤灰、矿渣粉、磷渣粉往深加工方向发展，出现了超细化技术。同时，通过复合化技术，可以取长补短，发挥几种掺合料的协同作用，性能优于单一掺合料，性价比更高；此外还能形成早强、改善流动性、高耐久性等多种功能复合掺合料，具有良好的市场前景。

4.1.4　外加剂技术发展趋势

混凝土外加剂与现代混凝土应用技术的发展是互相推动的关系，实际应用需求推动了具有特殊性能的混凝土外加剂开发，促进了行业对混凝土外加剂更全面的认识，个性化混凝土外加剂产品的出现也满足和推动了现代混凝土的应用需求，为现代混凝土的发展提供了空间。目前混凝土产品超高强、轻自重、高耐久、低收缩等技术发展趋势也对混凝土外加剂在超高减水、超早强、调节黏度、减缩抗裂、环境友好等方面提出了更高的要求。

未来混凝土外加剂技术应向高性能化、高适应性、多功能化、可持续性、原创设计的方向发展，适应更为复杂的混凝土材料。

1. 高性能化

关注高强和超高强混凝土外加剂的研制。针对目前已经开始应用于建筑工程的 C70、C80 甚至 C150 的混凝土，外加剂在其中起到不可或缺的作用，但在实际应用中仍有许多问题亟待解决。超高性能混凝土工程对所使用的外加剂提出了更高的要求，包括超高的减水率、更高的缓凝效果、超高的早强作用及显著的降黏作用。

2. 高适应性

我国在混凝土外加剂和矿物掺合料方面已制定了较齐全的标准和规范，但在不同厂家生产水泥熟料的组成、水泥中石膏形态和掺量、水泥碱含量、水泥细度、混合材种类及掺量、水泥新鲜程度和温度都对混凝土外加剂与水泥的适应性产生较大的影响。

此外，目前混凝土材料的组成越来越复杂，存在一些混凝土中的特殊组分，如低品位骨料，固体废弃物等与外加剂适应性较差的问题，因此应当针对这些特殊组分，对外加剂进行特殊的分子设计，以研制出专用的高适应性外加剂。

3. 严酷环境耐久性

在特殊严酷环境下改善混凝土耐久性的外加剂研发，包括在海洋高盐环境（存在氯离子、硫酸根离子腐蚀）及西部盐湖、极端干燥具有较大温差环境下混凝土耐久性增强外加剂。严酷环境下混凝土容易出现收缩、开裂及结构耐久性能劣化等问题，外加剂使用不当更容易加速混凝土结构的破坏。因此未来针对特殊严酷环境下改善混凝土耐久性能的专用外加剂应当有更深的研究。

4. 多功能复合型外加剂

未来混凝土外加剂通过复配技术向多元化、多功能化方向发展。外加剂的复合不仅包括具有不同功能外加剂的复合，使所得产品具有一种以上功能，而且包括具有同种功能而品种不同外加剂的复合，使所得产品在某一种功能方面取得超叠加效应，或取得同等效应时减少了掺量。通过外加剂的复配技术满足未来自密实、超早强、超缓凝、超高泵送、水下管柱、清水混凝土、建筑工业化等多方面需求。

5. 生物基混凝土外加剂

利用可再生的生物资源，开发混凝土用生物基新材料，应对化石原料日趋枯竭的危机。重点研究生物基高分子功能化分子设计技术，开发环境友好型高效减水材料，减水率 ≥25%；制备水化热调控材料，降低混凝土温升 ≥10℃，实现超长、超大混凝土结构抗裂；开发新型流变改性材料，实现低胶材用量（≤400kg/m³）自密实混凝土工业化控制；形成混凝土用生物基新材料设计、制造、应用完整体系，满足工程重大需求，实现可持续发展。

4.2 混凝土行业发展前沿

4.2.1 胶凝材料

1. LC3 水泥

对于水泥生产而言，减少二氧化碳的排放以及减少对自然资源的消耗，使得辅助胶凝材料（Supplementary Cementitious Materials，简称 SCMs）的使用具有广大的前景。这点对于发展中国家而言显得尤其重要。然而，由于 SCMs 的供应有限，这在一定程度上限制了其在一些国家和地区的广泛应用。目前，用于减少水泥中熟料含量的 SCMs 中，有 80% 为石灰石、粉煤灰和矿渣。煅烧黏土，尤其当其用于与石灰石相结合共同用于 LC3 水泥（limestone calcined clay cement）等生产时，在拓宽辅助胶凝材料的应用范围方面，具有非常巨大的潜力，可部分替代水泥和混凝土制备所需的熟料。

　　LC3 水泥是通过复掺煅烧黏土及石灰石，部分取代水泥熟料，制备的水泥。就生产装置而言，由于黏土的煅烧温度较水泥熟料的煅烧温度低，因此不需要特殊的装置设备用于煅烧黏土的生产。LC3 水泥的试生产已经在古巴和印度取得了成功。在古巴和印度，已经出现了煅烧黏土与石灰石取代 50％水泥的工业化生产的成功应用。这种新型的水泥与 I 型普通硅酸盐水泥的性能非常相近，而后者的熟料往往在 90％以上。在这两个国家的应用工程中，未经培训的工人都可以成功地使用 LC3 水泥来替代通用水泥。LC3 水泥在印度用于制备屋顶瓦片。使用到的水灰比相较于粉煤灰混合水泥的水灰比略高，相比通常的粉煤灰混合水泥制备的瓦片而言，其断裂强度均有提高。在古巴，LC3 水泥已经应用在多个工程中，包括混凝土砌块和预制混凝土涵洞。

　　LC3 水泥具有良好的性能，如能够较好地保护钢筋；具有非常好的抗氯离子侵入的能力；能够较好地缓解与活性骨料的碱激发反应；在有硫酸盐的环境中体现出较好的耐久性；抗碳化性能与其他种类的混合水泥相当。

2. 碱激发胶凝材料

　　碱激发胶凝材料，也称地质聚合物，是通过碱激发剂（通常为 NaOH 或水玻璃溶液）激发具有潜在活性的铝硅质原料（矿渣、粉煤灰、高岭石和各类工业废渣等）形成的具有水硬活性的一类胶凝材料。其能耗低、排放少，同时具有优异的耐化学侵蚀、耐高温以及快硬早强性能。澳大利亚、法国等国关于碱激发胶凝材料的研究和应用起步较早，已经形成了多部专著和标准体系，同时碱激发胶凝材料在一些工程结构中也得到应用和推广。我国曾经在 20 世纪 50 年代进行过碱激发胶凝材料的研究，由于其性能限制和标准缺乏未能获得大量应用。近些年已成为研究热点，并且于 2012 年颁布实施了我国第一部有关碱激发胶凝材料的标准《用于耐腐蚀水泥制品的碱矿渣粉煤灰混凝土》GB/T 29423—2012。但是，应注意到碱激发胶凝材料应用仍然面临一些问题：1）碱激发胶凝材料的凝结时间和工作性能难以精准调控；2）碱激发胶凝材料使用过程中的吸潮泛碱；3）碱激发胶凝材料的收缩开裂。因此，今后碱激发胶凝材料的研究应该进一步明晰其水化、凝结过程和机理，在解决凝结硬化快、泛碱、开裂等问题后，努力推动其工程化应用进程。

4.2.2　特种混凝土

1. 超高性能混凝土

　　超高性能混凝土（简称 UHPC）是 20 世纪 90 年代初诞生的新型水泥基复合材料，具有超高强度（美国 ASTM 标准和我国建材联合会标准征求意见稿中均要求抗压强度大于 120MPa）、高韧性和优异耐久性能。在过去的二十多年里，UHPC 倍受国内外学者关注。在材料与组成设计方面，德国巴斯夫和我国江苏苏博特新材料股份有限公司等对 UHPC 所用外加剂进行了研发，法国拉法基、德国卡塞尔大学和我国湖南大学等研究了胶凝组分、养护制度、纤维种类与掺量等对 UHPC 材料和结构性能的影响。在微观结构与性能调控方面，瑞士洛桑联邦理工学院和我国东南大学等研究了不同组成的 UHPC 水化产物相演变及凝结硬化特性以及微观结构和宏观性能之间的关系。在结构设计与应用方面，法国拉法基、瑞士洛桑联邦理工学院、美国爱荷华州立大学、我国湖南大学和福州大学等研究了 UHPC 结构设计方法及修复加固技术，初步形成了相关规程，并在多种装配式桥梁结构进行了工程示范。

由于 UHPC 的一些优异性能，它可用于超长、超薄、特种、轻型装配式及极端严酷环境中的混凝土结构，为国防、建筑和桥梁的设计建造带来巨大变革并显著提升结构的服役寿命和全生命周期综合效益。

UHPC 抗侵彻爆炸性能与其强度和韧性密切相关：强度高，抗侵彻冲击能力强；韧性好，抗爆炸震塌能力强。UHPC 抗爆混凝土是一种新型混凝土材料：通过掺加高性能减水剂（减水率≥40%）实现极低水胶比；复合多种不同粒径和活性矿物掺合料（硅灰、优质粉煤灰、磨细矿渣等）实现紧密堆积；引入高强粗骨料（玄武岩、刚玉石、高强陶瓷等粗骨料）；掺加大量高强微细钢纤维（V_f≥2%）提高材料韧性；硬化后混凝土具备超高强（抗压强度≥150MPa）、超高韧（断裂能≥30000J/m²）和超高抗力（抗爆能力提高30%），是提升国防防护工程抗打击能力的理想建筑材料。

2. 高延性纤维增强水泥基复合材料

尽管混凝土在建筑材料领域具有诸多优势，但仍存在着抗拉强度低、韧性差等不足。应力作用下，当混凝土产生第一条裂缝后即可迅速发生裂缝连通扩展，导致混凝土发生脆性破坏。掺加钢纤维、碳纤维、玻璃纤维等纤维混凝土，在一定程度上提高了韧性，但对初始开裂后的极限拉伸强度及拉伸应变提高有限，导致传统纤维混凝土在承受弯曲和拉伸荷载下仍会出现应变软化现象。为提高传统纤维混凝土性能，满足纤维混凝土对应变硬化能力的需求。近几十年来国内外对于新型纤维增强水泥基复合材料的研究进展十分迅速，也促使研究人员对于现代纤维混凝土的概念有了新的认识。

以微观力学模型为理论基础对短纤维增强水泥基复合材料进行设计，通过合理控制纤维、基体的性能以及纤维/基体界面参数，使具有应变硬化特性的高延性纤维增强水泥基复合材料（简称 ECC）成为近 20 年发展起来的一种新型纤维增强水泥基复合材料。ECC 的设计理念最早由美国密歇根大学 Li 等提出，之后在此理论基础上成功制备出具有超高韧性的 ECC。ECC 增强材料多采用聚乙烯（PE）纤维、聚乙烯醇（PVA）纤维和聚丙烯（PP）纤维等聚合物纤维，钢纤维也曾被应用于 ECC 的制备中。ECC 基体选用普通硅酸盐水泥和平均粒径 10μm～20μm 的 F 型粉煤灰为胶凝材料，选用最大粒径 250μm、平均粒径 110μm 的细硅砂作为细骨料，配合水以及超塑化剂制备而成。掺加纤维体积分数不超过 2% 的 ECC 产生第一条裂缝后具有良好的应力传递和裂缝宽度控制能力，显示出超高的韧性，其极限拉应变可达 3%～7%，而普通混凝土在开裂时所具有的极限拉应变仅为 0.01%～0.02%，ECC 是其 200～500 倍。

3. 3D 打印混凝土

随着城市化和工业化进程的快速推进，建筑行业工序烦琐、劳动力短缺、安全事故多发等问题严重制约了其发展。3D 打印混凝土指无须任何模板支撑及振动过程，通过 3D 打印机逐层堆叠成型的一种特殊的混凝土。数字化、智能化的 3D 打印技术为建筑行业提供了新的思路，将混凝土作为 3D 打印的特殊"油墨"，建筑 3D 打印技术便应运而生。

3D 打印混凝土主要由胶凝材料、骨料、纤维、外加剂、水等配制而成。硅酸盐水泥、普通硅酸盐水泥以及掺活性混合材的硅酸盐水泥均可用于制备 3D 打印混凝土。为了促进混凝土的凝结硬化，使 3D 打印混凝土更好地承受上层混凝土带来的载荷，研究者在混凝土中掺加了少量的硫铝酸盐水泥或磷酸镁水泥。此外，粉煤灰、矿粉、硅灰和凹凸棒土等也常被用于平衡 3D 打印混凝土的可挤出性和可建造性，改善混凝土的孔隙结构和各项性能，或作为制备3D打印碱激发胶凝材料的原料。

目前，3D打印混凝土的骨料最大粒径受到喷嘴直径的限制，目前主要采用细骨料。若骨料直径过大，则易造成喷嘴堵塞，影响打印的正常进行。采用3D打印成型时，由于打印工艺的特殊性，3D打印混凝土构件难以像传统的浇筑成型混凝土一样配置钢筋。因此，在3D打印混凝土中添加纤维，以提高其抗裂强度、韧性和延性。钢纤维、碳纤维、耐碱玻璃纤维、聚丙烯纤维等均可用于3D打印混凝土的制备。

减水剂、促凝剂、缓凝剂、黏度改性剂等是3D打印混凝土的常用外加剂。其中，减水剂主要用于增加混凝土的流动性，防止混凝土在泵送过程中堵塞管道。缓凝剂和促凝剂的使用是为了调节凝结时间，以满足混凝土拌合物在打印时间窗口期内的可打印性。黏度改性剂能够增强混凝土的保水能力，减少运输过程中的离析和泌水，增大混凝土的触变性能，是3D打印混凝土的重要组分之一。最常用的黏度改性剂是纤维素醚衍生物以及聚丙烯酰胺，此外还有硅灰、粉煤灰、纳米黏土等比表面积较大的无机材料。

4. 耐热（火）混凝土

在高温条件下，混凝土虽属于热惰性材料，但其中的水化产物氢氧化钙和钙矾石分解温度低，耐高温性能较差；在高温作用下，水泥浆体失水，骨料膨胀和水泥浆体与骨料以及钢筋的热膨胀不协调而产生热梯度，致使混凝土的变形性能和强度均会发生劣化，同时其内部也会发生应力重分布；特别是高强混凝土，在高温的作用下，极有可能发生爆裂，属于脆性破坏，混凝土发生爆裂后，裸露的钢筋将迅速软化，从而使整个结构的承载力急速下降，极大地降低了结构安全性，这对于混凝土建筑物来说无疑是致命的。

耐热混凝土是指暴露于恒定或循环变化的高温中，因形成陶瓷类黏结产物而不会碎裂的混凝土，代替耐火砖用于工业窑炉内衬的耐热混凝土也称为耐火混凝土。耐热混凝土已广泛地用于冶金、化工、石油、轻工和建材等工业的热工设备和长期受高温作用的构筑物，如工业烟囱或烟道的内衬、工业窑炉的耐火内衬、高温锅炉的基础及外壳。根据所用胶结料的不同，耐热混凝土可分为：硅酸盐耐热混凝土、铝酸盐耐热混凝土、磷酸盐耐热混凝土、硫酸盐耐热混凝土、水玻璃耐热混凝土、镁质水泥耐热混凝土、其他胶结料耐热混凝土。根据硬化条件可分为：水硬性耐热混凝土、气硬性耐热混凝土、热硬性耐热混凝土。根据所用胶结料的不同，耐热混凝土可分为：硅酸盐耐热混凝土、铝酸盐耐热混凝土、磷酸盐耐热混凝土、硫酸盐耐热混凝土、水玻璃耐热混凝土、镁质水泥耐热混凝土、其他胶结料耐热混凝土。根据硬化条件可分为：水硬性耐热混凝土、气硬性耐热混凝土、热硬性耐热混凝土。

5. 弹性骨料混凝土

弹性骨料混凝土主要是指采用低弹性模量的有机高分子部分或完全取代砂石骨料制备得到的混凝土，例如橡胶骨料混凝土和塑料混凝土等。

近年来，我国汽车保有量和塑料制品消费量大幅增长，由此产生了大量的废弃橡胶轮胎和塑料。据初步统计，我国每年产生废弃轮胎多达5000万条，废弃塑料约6000万吨。废弃轮胎和塑料大量存在于自然环境或填埋场中，不仅对生态环境造成了严重污染，而且也是对资源的极大浪费。工业上通过多维固相力剪切、低温研磨和表界面改性等先进技术，将废旧橡胶轮胎、工程塑料加工成再生橡胶粉（颗粒）和塑料粉（颗粒），并取代天然砂石制备橡胶骨料混凝土和塑料混凝土，不仅实现了废旧橡胶轮胎和塑料的资源化利用，同时减少了砂石自然资源的消耗。

与普通混凝土相比，弹性骨料的加入显著改善了混凝土的韧性、抗冲击性、耐磨性和抗冻耐久性等使用性能，同时还减轻了混凝土结构的自重，对提升结构的整体抗震性有积极作用。此外，有机的弹性骨料还赋予混凝土一定的防水、隔声和保温等功能特性。因此，弹性骨料混凝土在道面、墙体、楼板材料以及抗震和抗冲击结构中都具有广阔的应用前景。

然而，由于弹性骨料的弹性模量显著下降，且与水泥石基体存在着有机-无机相界面，使得弹性骨料混凝土的力学强度（抗压、抗折和抗劈裂等）普遍降低。与此同时，当前关于弹性骨料混凝土尤其是弹性骨料钢筋混凝土结构在静态/动态荷载下的力学行为和本构关系的研究还不够完善，无法为弹性骨料混凝土在结构工程中的应用提供理论指导。此外，国内弹性骨料和弹性骨料混凝土的生产、加工和制备规模较小，还处在发展阶段，并且缺乏相应的产品标准和应用技术规范，这也造成弹性骨料混凝土质量不稳定，混凝土成本长期居高不下等问题，从而大大限制了弹性骨料混凝土的应用和发展。

6. 快凝快硬高强混凝土

快凝快硬高强混凝土是根据超早强混凝土和高强混凝土技术而制备的高性能混凝土，其特点是凝结时间快，早期强度高，后期强度不倒缩，且耐久性良好。主要用在混凝土路面、桥梁隧道、机场跑道以及海港码头等需要快速修补抢修抢建的工程。为保证其作为超早强修补混凝土的指标，其凝结时间满足基本的施工要求：初凝时间不小于 30min，终凝时间不大于 60min；同时 6h 抗压强度达到 10MPa，1d 抗压强度大于 40MPa，28d 抗压强度达 80MPa，且 180d 强度有明显增长。

国内外修补用快凝快硬高强混凝土有以下四种：

（1）采用有机高分子快硬聚合物混凝土或砂浆进行修补。使用这种方法修补的路面因具有较好的力学性能，因此，在我国混凝土结构关键部位的修补中比较常用。但也存在污染环境、施工操作条件恶劣、成本高、耐久性差等缺点。因此该方法仅适合某些特定环境下少量修补的工程。

（2）采用聚合物改性水泥混凝土或砂浆进行修补。该方法可以明显提高路面抗折强度，改善路面的韧性与抗疲劳能力。但是也存在一些缺点，如早期强度发展慢，开放交通时间长；后期抗压强度下降太多；韧性随着聚合物的老化有明显下降而导致使用寿命短；以及施工过程特殊而显得施工较麻烦等。

（3）采用特种水泥混凝土进行修补。该方法主要是利用特种水泥（如磷酸盐水泥、氟铝酸盐水泥、超快硬硫铝酸盐水泥、高铝水泥等）配制出具有早强特点的特种修补胶凝材料。该方法配制的快速修补材料能够满足早强的要求，但也存在特种水泥价格较贵且不易保存的问题而难以大量推广应用。

（4）采用普通水泥混凝土中掺入改性剂进行修补。该方法是在普通材料里掺加早强剂、促凝剂等外加剂使材料达到快硬早强的要求。但是许多早强剂和促凝剂含有对钢筋有腐蚀作用的成分，且使用后会导致材料的后期性能不良，无法在某些特殊工程或特殊部位施工中应用。

4.3 混凝土标准化工作建议

1. 修订现有原材料产品标准，服务工程建设需求

混凝土原材料产品标准除了规范原材料的生产与供应之外，更应当服务混凝土的配制

及混凝土工程建设。建议及时总结原材料产品标准实施过程中的问题，从原材料产品应用需求、满足混凝土性能要求出发，修订现有产品标准。例如，建议修订水泥相应产品标准的技术指标，服务混凝土配制要求；建议修订粉煤灰相应产品标准，增加氨含量测试方法及指标要求；建议制定机制砂高性能混凝土应用技术规程、复合掺合料应用技术规程等标准指导机制砂及复合掺合料的使用。

2. 编制替代性原材料产品标准，缓解传统原材料紧缺

虽然我国混凝土材料标准基本涵盖了各类原材料。但是，随着大规模建设带来的原材料不断消耗，很多区域面临着常规原材料短缺的困境：传统矿物掺合料（如粉煤灰、矿渣粉等）日益紧缺，为保护环境限采或禁采河砂、江砂导致优质粗、细骨料供不应求。因此，非常有必要开展新型原材料的制备及应用，以替代日益稀缺的传统原材料。应当及时制定利用各类天然材料及工矿业废弃物制备矿物掺合料以及骨料的产品标准。例如，建议修订国家标准《石灰石粉混凝土》GB/T 30190—2013，将石灰石粉扩展到花岗岩石粉、玄武岩石粉等各类天然岩石粉；建议修订行业标准《混凝土用复合掺合料》JG/T 486—2015，纳入新型矿物掺合料；建议制定部分冶金渣等工矿业废弃物作为混凝土掺合料或骨料的产品标准。

3. 制定特种混凝土及新型原材料产品标准，完善产品品类

随着建（构）筑物结构形式的复杂性和多样化，以及在严酷服役环境下工程建设需求的增多，对混凝土提出了超高强、高延性、高流态、防腐蚀、耐热耐火等需求，各类功能型材料和特种混凝土的开发日益受到关注，应当配套相关的产品标准及应用规范。建议制定早强型聚羧酸系减水剂、促凝型聚羧酸系减水剂、降黏型聚羧酸系减水剂、多功能复合型外加剂、生物基外加剂等新型外加剂相关的产品标准；建议制定各类工业废渣轻骨料产品标准；建议修订国家标准《活性粉末混凝土》GB/T 31387—2015，将名称改为目前普遍使用的《超高性混凝土》，并完善相应技术指标；建议结合耐热（火）混凝土、3D打印混凝土等特种混凝土的发展和应用情况，制定相关的产品标准。

4. 低碳化理念融入标准，推动混凝土高质量发展

促进水泥混凝土行业低碳化发展，是落实"碳达峰、碳中和"国家战略的重要途径。应当鼓励使用天然及固废材料替代高碳排放的水泥熟料；鼓励使用节约能源、减少二氧化碳及其他污染物排放的混凝土绿色生产及管理技术；鼓励提高混凝土性能，延长结构使用寿命，减少全寿命周期碳排放。将相关理念融入标准中，推动混凝土高质量发展。

附录 混凝土相关标准名录

1. 水泥相关标准

1) 现行水泥产品标准

GB 175—2007 通用硅酸盐水泥（包括第 1、2、3 号修改单）

GB/T 200—2017 中热硅酸盐水泥、低热硅酸盐水泥

GB/T 748—2005 抗硫酸盐硅酸盐水泥

GB/T 20472—2006 硫铝酸盐水泥

GB/T 31289—2014 海工硅酸盐水泥

GB/T 31545—2015 核电工程用硅酸盐水泥

2) 现行水泥组成材料产品相关标准

GB/T 203—2008 用于水泥中的粒化高炉矿渣

GB/T 1596—2017 用于水泥和混凝土中的粉煤灰

GB/T 2847—2005 用于水泥中的火山灰质混合材料

GB/T 5483—2008 天然石膏

GB/T 18046—2017 用于水泥、砂浆和混凝土中的粒化高炉矿渣粉

GB/T 18736—2017 高强高性能混凝土用矿物外加剂

GB/T 21371—2019 用于水泥中的工业副产石膏

GB/T 21372—2008 硅酸盐水泥熟料

GB/T 26748—2011 水泥助磨剂

GB/T 35164—2017 用于水泥、砂浆和混凝土中的石灰石粉

2. 掺合料相关标准

GB/T 1596—2017 用于水泥和混凝土中的粉煤灰

GB/T 18046—2017 用于水泥、砂浆和混凝土中的粒化高炉矿渣粉

GB/T 20491—2017 用于水泥和混凝土中的钢渣粉

GB/T 26751—2011 用于水泥和混凝土中的粒化电炉磷渣粉

GB/T 27690—2011 砂浆和混凝土用硅灰

GB/T 35164—2017 用于水泥、砂浆和混凝土的石灰石粉

JG/T 486—2015 混凝土用复合掺合料

T/CCES 6004—2021 混凝土用功能型复合矿物掺合料

3. 骨料相关标准

GB 6566—2010 建筑材料放射性核素限量

GB/T 14684—2011 建设用砂

GB/T 14685—2011 建设用卵石、碎石

GB/T 17431.1—2010 轻集料及其试验方法 第 1 部分：轻集料

GB/T 25176—2010 混凝土和砂浆用再生细骨料

GB/T 25177—2010 混凝土用再生粗骨料

JGJ 52—2006 普通混凝土用砂、石质量及检验方法标准

JGJ 206—2010 海砂混凝土应用技术规范

JG/T 568—2019 高性能混凝土用骨料

4. 外加剂相关标准

GB 50119—2013 混凝土外加剂应用技术规范

GB/T 8075—2017 混凝土外加剂术语

GB 8076—2008 混凝土外加剂

GB/T 8077—2012 混凝土外加剂匀质性试验方法

GB 18588—2001 混凝土外加剂中释放氨的限量

GB/T 23439—2017 混凝土膨胀剂

GB 31040—2014 混凝土外加剂中残留甲醛的限量

GB/T 31296—2014 混凝土防腐阻锈剂

GB/T 33803—2017 钢筋混凝土阻锈剂耐蚀应用技术规范

GB/T 35159—2017 喷射混凝土用速凝剂

GB/T 37990—2019 水下不分散混凝土絮凝剂技术要求

JC/T 474—2008 砂浆、混凝土防水剂

JC 475—2004 混凝土防冻剂

JC/T 1011—2006 混凝土抗硫酸盐类侵蚀防腐剂

JC/T 1018—2020 水性渗透型无机防水剂

JC/T 1083—2008 水泥与减水剂相容性试验方法

JC/T 2031—2010 水泥砂浆防冻剂

JC/T 2163—2012 混凝土外加剂安全生产要求

JC/T 2361—2016 砂浆、混凝土减缩剂

JC/T 2389—2017 预拌砂浆用保水剂

JC/T 2477—2018 预制混凝土用外加剂

JC/T 2481—2018 混凝土坍落度保持剂

JC/T 2553—2019 混凝土抗侵蚀抑制剂

JGJ/T 223—2017 聚羧酸系高性能减水剂

JG/T 377—2012 混凝土防冻泵送剂

JT/T 537—2018 钢筋混凝土阻锈剂

JT/T 769—2009 公路工程 聚羧酸系高性能减水剂

JT/T 1088—2016 公路工程 喷射混凝土用无碱速凝剂

DL/T 5100—2014 水工混凝土外加剂技术规程

DL/T 5778—2018 水工混凝土用速凝剂技术规范

YB/T 9231—2009 钢筋阻锈剂应用技术规程

T/CBMF 19—2017 混凝土用氧化镁膨胀剂

T/CECS 540—2018 混凝土用氧化镁膨胀剂应用技术规程

T/CECS 10124—2021 混凝土早强剂

5. 拌合与养护用水相关标准

JGJ 63—2006 混凝土用水标准

6. 纤维相关标准

GB/T 21120—2018 水泥混凝土和砂浆用合成纤维

JGJ/T 221—2010 纤维混凝土应用技术规程

7. 混凝土生产相关标准

1）配合比设计标准

JGJ 55—2011 普通混凝土配合比设计规程

2）设备及生产标准

GB 8978—1996 污水综合排放标准

GB/T 9142—2021 混凝土搅拌机

GB/T 10171—2016 建筑施工机械与设备 混凝土搅拌站（楼）

GB 12348—2008 工业企业厂界环境噪声排放标准

GB 16297—1996 大气污染物综合排放标准

GBZ2.1—2019 工作场所有害因素职业接触限值 第1部分：化学有害因素

GBZ2.2—2019 工作场所有害因素职业接触限值 第2部分：物理因素

JGJ/T 328—2014 预拌混凝土绿色生产及管理技术规程

JC/T 2533—2019 预拌混凝土企业安全生产规范

HJ/T 412—2007 环境标志产品技术要求 预拌混凝土

AQ/T 9006—2010 企业安全生产标准化基本规范

3）混凝土产品标准

GB/T 14902—2012 预拌混凝土

《高性能混凝土技术条件》GB/T 41054—2021

4）应用、质量控制与检验标准

GB/T 50080—2016 普通混凝土拌合物性能试验方法标准

GB/T 50081—2019 混凝土物理力学性能试验方法标准

GB/T 50082—2009 普通混凝土长期性能和耐久性能试验方法标准

GB/T 50107—2010 混凝土强度检验评定标准

GB 50164—2011 混凝土质量控制标准

GB 50204—2015 混凝土结构工程施工质量验收规范

GB 6566—2010 建筑材料放射性核素限量

JGJ/T 193—2009 混凝土耐久性检验评定标准

JGJ 206—2010 海砂混凝土应用技术规范

JTJ 270—1998 水运工程混凝土试验规程

5）评价标准

绿色建材评价技术导则（试行）

JGJ/T 328—2014 预拌混凝土绿色生产及管理技术规程

JGJ/T 385—2015 高性能混凝土评价标准

T/CBMF 27—2018 预拌混凝土低碳产品评价方法及要求

T/CECS 10047—2019 绿色建材评价预拌混凝土

8. 混凝土的现浇施工相关标准

GB 50164—2011 混凝土质量控制标准

GB 50204—2015 混凝土结构工程施工质量验收规范

GB/T 50784—2013 混凝土结构现场检测技术标准

JGJ/T 10—2011 混凝土泵送施工技术规程

JGJ/T 23—2011 回弹法检测混凝土抗压强度技术规程

9. 混凝土预制构件相关标准

1）装配式建筑用混凝土预制构件相关标准

GB/T 51231—2016 装配式混凝土建筑技术标准

GB 13476—2009 先张法预应力混凝土管桩

JGJ 1—2014 装配式混凝土结构技术规程

JG/T 565—2018 工厂预制混凝土构件质量管理标准

2）其他混凝土预制构件相关标准

GB 4623—2014 环形混凝土电杆

GB/T 19685—2017 预应力钢筒混凝土管

GB/T 22082—2017 预制混凝土衬砌管片

JC/T 2456—2018 预制混凝土箱涵

10. 全文强制国家标准

GB 55008—2021 混凝土结构通用规范